農力検定
テキスト

金子美登・塩見直紀 ほか
都市生活者の農力向上委員会 監修

コモンズ

まえがきに代えて **いま、なぜ、農力検定なのか** 5

第 1 章 ■ キッチン農力検定 ……………………… ベターホーム協会 8

- **1** キッチンで簡単！ 水栽培 8
- **2** 土に植えて長く育てる 13
- **3** 土に植えて再収穫 14
    - 栽培のコツ 15

第 2 章 ■ ベランダ農力検定 ……………………… 竹本亮太郎 16

- **1** プランターの種類と特徴 16
- **2** 土の準備 17
- **3** 肥料の与え方 18
- **4** 種の播き方と定植の方法 20
- **5** 手入れの基本 21
- **6** プランター向き野菜の育て方 23
    - ローズマリー●シシトウ●ラディッシュ●ゴーヤ●オクラ●青菜類●ミニトマト

第 3 章 ■ 市民農園農力検定 ……………………… 新田穂高 28

- **1** 市民農園を楽しむために 28
    - 市民農園を探す 28
    - 市民農園選び8つのポイント 29
- 【市民農園訪問 1】**新しい村** 33
- 【市民農園の 1 年】 34
- **2** 菜園の基本は土づくりから 36
    - よい土とは微生物の生きた土 36
    - よい土の畑では病虫害が少ない 36
    - 土づくりには時間がかかる 37
- **3** 野菜を観察して肥料を施す 38
    - 窒素過多には要注意 38
    - 果菜類にリン酸、豆にカリ 39
    - カルシウムとマグネシウム 39

- **4** 市民農園の農具と資材 *40*
    - 使うものを決める3要素 *40*
    - 市民農園の農具 *41*
- **5** 病気や虫と向き合う工夫 *42*
    - 無農薬で育てる12のポイント *42*

【市民農園訪問2】アグリス成城 *47*

- **6** 雑草を取るにも工夫とコツがある *48*
    - 2週間に一度は土を削る *48*
    - マルチで除草の手間を省く *49*
- **7** 市民農園で上手に野菜を作る工夫 *50*
    - 苗を育てて植え付ける *50*
    - カボチャはネットで育てる *50*
    - 週に一度の収穫のコツ *51*
    - 残った種は保存できる？ *51*
- **8** 野菜の種播きと収穫適期を知る *52*
    - 春から夏に種播きする野菜 *52*
    - 夏から秋に種播きする野菜 *53*

第4章　半農半X的農力検定
＝農力とエックス力の融合でひらく未来＝　　塩見直紀 *54*

- **1** 半農半Xという生き方 *54*
- **2** 日本的農力 *58*
- **3** センス・オブ・ワンダーという農力 *60*
- **4** 農山村で暮らす心がまえ *62*
- **5** 農力を活かし、エックス力も高める *65*

【コラム1】エコビレッジ的なコミュニティ　　西村ユタカ *67*

第5章　有機自給農力検定　　金子美登 *68*

- **1** 資源の循環と有機農業 *68*
- **2** 土と肥料 *70*
- **3** 病害虫対策 *73*
- **4** 家畜は欠かせない仲間 *75*

第6章 コミュニティ農力検定 ……………………… 大和田順子 78

1. 農力アップことはじめ 78
2. 農業ボランティア参加の心得 83
3. 都市と農山村の交流術 84
4. 地域で紡いだ幸せな農的生活 86
5. 農山村の現状を把握しておこう 88

第7章 サバイバル農力検定 ……………………… 吉田太郎 90

1. 米国で広がるサバイバルゲーム 90
2. 身近に迫るリスク 92
3. 生産力アップのヒントを伝統農業に探る 94
4. 家庭レベルでのサバイバル 95
5. 地域レベルでのサバイバル 97
6. 現場での実験を重視する 99

【コラム2】補助金に頼らない地域おこし　　　　　　西村ユタカ 101
【コラム3】3割が新規移住者　　　　　　　　　　　西村ユタカ 101

エピローグ 本当の豊かさと幸せを取り戻そう ……… 金子美登 102

1. 枯死寸前の「切り花国家・日本」 102
2. 有機農業を広げる 102
3. 内発的発展のムラおこし 106
4. 新しい文化の創造 108

農力検定模擬テスト 基礎編 110

あとがき 114

まえがきに代えて
いま、なぜ、農力検定なのか

「スーパーの棚から食料品やペットボトルが消えた」
「ガソリンスタンドが何日も閉店していた」
わずか1年少し前の記憶は、どこへいったのでしょうか。

日々の報道では、原子力発電所の再稼働や瓦礫の広域処理、そして放射性物質の安全基準などに関心が集まっています。もちろん、これらは大きな問題ですが、昨年の東日本大震災は大都市のあり方に多くの警告を発したはずです。

考えてもみてください。コンクリートとアスファルトで固められた地域に、1000万人以上の人びとが地元で食料生産することもなく密集して住んでいるという事実の、不自然さと危うさを。裏を返せば、私たち都市生活者は大量のエネルギーと食料を浪費して、大都市で「健康で文化的な生活」を享受しているわけです。さらに言えば、将来世代に核廃棄物処理を丸投げする原子力発電も、世界的な環境破壊と人権侵害という犠牲のうえで成り立つ豊富な輸入食材も、それを欲しているのは電力会社やグローバル企業だけでなく、快適で便利な人口集中地帯に住む私たち都市生活者にほかなりません。

とはいえ、いきなり1億総田舎回帰など無理な話です。田畑と居住地がかけ離れた首都圏では、本格的な半農半Xも簡単ではありません。では、どうするか。

答えはロシアやキューバにありました。ソビエト連邦の崩壊で物流が停滞したロシアでは、市民それぞれが郊外の農園（ダーチャ）でジャガイモなどを育て、飢えを免れたといわれています。一方、そのあおりで石油の供給が断たれたキューバでは、住民が総出で都市農業に取り組み、それが食生活の基盤となりました。

そうです。いざとなったら、一人ひとりが自給し、みんなで支え合って共生する力を身につける。都市生活者には、もっと農力が必要なのです。

「食べる」という行為が動物にとってもっとも重要な生命維持活動なのは、言うまでもありません。それは人間といえども同じでしょう。「食べる≒自然の恵みを分けいただく」という行動は、パソコンを操るより、英語を流暢に話すより、よほど基本的な能力です。「土いじりなんて性に合わない」「鍬なんて持ったことがない」などと言っている場合では、ありません。

世界の景気が持ち直すたびに繰り返される原油価格の高騰は、物流を停滞させ、石油の大量消費で支えられた農業生産にも支障をきたします。そして、枯渇性エネルギーの調達

不安は、加工貿易で成り立つ日本経済の低迷をも深刻化させ、雇用にも暗い影を落とします。しかも、頼みの綱となるはずの年金制度は期待できず、失業手当や生活保護も赤字財政で崩壊寸前です。そうした社会状況で頼りになるのは、自給共生できる能力、すなわち「農力」にほかなりません。

その思いを具体化するために、私たち都市生活者の農力向上委員会では、「農力検定」を創設する運びとなりました。この本は、まさにそうした「農力向上」を望む都市生活者のテキストとして活用していただければ幸いです。各章では、身につけておきたい実践的な知識と具体的な方法を整理しました。念のため、それぞれの構成意図をまとめておきましょう。

第1章 キッチン農力検定 身近で土に触れられないアパートやマンション暮らしの都市生活者のために、手近で気軽に農力を高められるキッチン菜園を取り上げました。残った野菜の葉や枝などから、野菜が簡単に育てられるのです（なお、ベターホーム協会では『今日から育てるキッチン菜園読本』『キッチン菜園ノート』も発行しているので、参考にしてください）。

第2章 ベランダ農力検定 庭がない住まいでも、プランターが置けるスペースがあれば、本格的な野菜作りができ、小家族の食卓であればかなりまかなえます。何より、自宅で育てた朝採り野菜がサラダで食べられる。その「やったね！」感を味わっていただければ、きっと朝食が、そして野菜作りが楽しみになるでしょう。著者はプランター栽培に詳しい竹本亮太郎さんです。

第3章 市民農園農力検定 都会の日々に疲れたら、土に触れる「アーシング」で心と体を癒しませんか？ 東京都内や都市近郊でも、ちょっと探せば市民農園がたくさんあります。半農半ライターの新田穂高さんが、長年の経験と新しい村（埼玉県宮代町の農業公園）の取材から、農薬や化学肥料に頼らずに市民農園で野菜を育てる農力と技を紹介しました。

第4章 半農半X的農力検定 多くの読者がご存知の塩見直紀さんに、半農半Xの視点で農力とは何かを表現していただきました。いつもながら、とても示唆に富む内容ですし、半農を自給、半Xを共生と読み替えれば、本書のコンセプトにぴったりです。早くからその方向をめざされていたのだと、あらためて感心させられました。

第5章 有機自給農力検定 本格的な自給農をめざすためのノウハウを、循環型有機農業の第一人者である金子美登さんに簡潔にまとめていただきました。地元の埼玉県小川町下里地区では、今シーズンから地域の若者が中心となって、有機野菜塾などを開催して

いくそうです。将来的には、田畑の滋養の源である里山を保全する「刈援隊」を都市生活者も巻き込んで組織する計画もあります。今後のますますの広がりに期待しましょう。

第6章 コミュニティ農力検定●「農力」には「共生力」、すなわちコミュニティ対応能力も不可欠です。大和田順子さんが、農山村でのご自身の豊富な体験をもとに、都市農村交流の秘訣を明かしてくださいました。各地の現場に足しげく通い、信頼を得ている先達の知恵を、ぜひ参考にしてください。

第7章 サバイバル農力検定●自給率が40％に満たない日本で食料輸入が途絶えたとき、都市生活者に問われるのは、経済力でも政治力でもなく、農力です。まだ増産できると言い張る人もいますが、それは石油や水が大量に確保できるという甘い前提に立った場合にすぎません。キューバの都市農業や世界の伝統農法にくわしい吉田太郎さんが、対処法を具体的に指南します。

エピローグ◆本当の豊かさと幸せを取り戻そう●第5章を書いていただいた金子さんが、40年間にわたる有機農業の歩み、内発的発展の理念に基づくムラおこし、エネルギーの自給などについて、「農力の向上」に思いを託しつつ、まとめてくださいました。実践から紡ぎ出されたその理念は、「本当の豊かさとは何か、幸せとは何か」を問いかけています。

　私たち都市生活者の農力向上委員会では、本書を皮きりに、都市生活者の農力向上、放棄されつつある耕作地の再生、そして都市農村交流を通じたコミュニティ育成を具体的に実践していく所存です。当面は首都圏近郊の活動となりますが、趣旨に協賛し、参画していただければと思います。

　　　2012年6月

　　　　　　　　　　　　　　　　　　一般社団法人　都市生活者の農力向上委員会

第 1 章
キッチン農力検定

ベターホーム協会

　キッチンの一画で、野菜を作ってみませんか。残った野菜や、いままでは調理のときに捨てていたような根、茎、へたなどから、新たな根を生やしたり、葉を育てて、再収穫できます。
　キッチンでの野菜栽培の基本は、「土いらず、手間いらず、場所いらず」。園芸が初めての人でも、この三拍子そろって気軽に始められるので、野菜作りの第一歩を踏み出すのにぴったりです。
　自分で育てた安心感、野菜のもつ生命力、育てた野菜を収穫する喜び……子どももおとなも、いっしょに楽しんでください。とくに、ハーブやスプラウト（かいわれ大根やブロッコリーなどの新芽野菜）が向いています。

ステップ 1　キッチンで簡単！　水栽培

❋ マグカップでスタート

　第一歩となる水栽培では、マグカップがあればすぐスタートできます。
　根の部分は光が当たらないほうが新しい根が出やすいので、ガラスのコップよりマグカップのほうが、容器としておすすめです（ただし、ここでは、根の状態がわかりやすいように、ガラス容器で撮影しました）。置き場所は、直射日光が避けられる明るいところを選んでください。

❋ ミントを育てる

　1〜2枚の葉で、料理をいきいきと見せてくれるミント。でも、必要なのは少しという場合が多いですね。パックで買ってくると、たっぷり残ってしまいます。そんなとき、残った葉から根を生やして育ててみましょう。欲しいときに、さっと使えて便利なうえ、経済的。とても丈夫なので、土に植えるとどんどん増えます。

> 日当たり必要度●明るい場所で
> 発根までの日数●約3日
> 使うもの●残ったミントの枝

手順1　水に挿します

　できるだけ茎の長いものを選びましょう。
✾ 器は？ ➡ 茎が短い場合が多いので、カップより浅い小鉢が向いている。
✾ 水の量 ➡ 茎の先が1cmほどつかる程度。葉が水につかると黒くなって腐るので、水につかる部分の葉はあらかじめ除く。
✾ 水替え ➡ 水をよく吸うので、水をきらさないように、朝晩水をたす。

手順2　根が出たら

3日ほどで根が出ます。土に植えると、葉がどんどん伸びて、長く収穫できます。

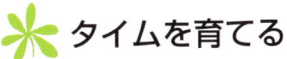 **タイムを育てる**

ハーブのなかでも育てやすいタイム。肉料理にも魚料理にも大活躍します。残った枝を使って、育ててみましょう。冷蔵庫でしなびてしまった枝でも、水を吸っていきいきと根を出します。

> 日当たり必要度●明るい場所で
> 発根までの日数●約10日
> 使うもの●残ったタイムの枝

手順1　下の葉を除きます

1枝の長さはだいたい10〜15cmです。水につかる部分の葉をハサミで除き、水に挿します。

※なぜ？➡葉が水につかっていると、水が腐りやすくなるため。タイムは比較的腐りにくいが、水を清潔に保つために、除いたほうがよりよい。

※器は？➡遮光したほうがよく発根するので、ガラスのコップではなく、マグカップがおすすめ。

※水の量➡底から5〜6cm程度。
※水替え➡1日に1回。

手順2　根が出たら

10日ほどで根が出ます。そのままでも次々に新しい葉が伸びるので、摘み取りながら、収穫しましょう。なお、土に植え替えると、長く収穫できます〔➡ステップ2〕。

🌿 バジルを育てる

イタリア料理でおなじみのバジル。1～2枚使うだけで、すばらしい香りを味わうことができます。でも、量が多すぎて余らせがちです。残ったバジルを水に挿しておけば、ひげ根がたくさん生えてきます。丈夫なので、土に植えて増やすのがよいでしょう。

> 日当たり必要度●明るい場所で
> 発根までの日数●約7日
> 使うもの●残ったバジルの枝

手順1　水に挿します

水につかる部分の葉をハサミなどで除き、水に挿します。

❈なぜ？➡葉が水につかっていると、水が腐りやすくなるため。

❈器は？➡遮光したほうがよく発根するので、ガラスのコップではなく、マグカップがおすすめ。

❈水の量➡葉が水につかると黒くなって腐るので、つからない程度に。

❈水替え➡1日1回。

手順2　根が出たら

7日ほどで根が出ます。下の写真のように、ひげ根がたくさん出たら、土に植え替えてください。葉が増えてきたら、1枚ずつ摘んで収穫しましょう〔⇨ステップ2〕。

🌿 みつばを育てる

いつもは捨てている根みつばの根や葉みつばのスポンジから、再収穫可能です。おすましの具にしたり、卵焼きに入れたり、いろどりと香りのアクセントになります。

> 日当たり必要度●明るい場所で
> 収穫までの日数●約10日
> 使うもの●根みつばの根、葉みつばのスポンジ

根みつば　　　　　葉みつば

手順1　根みつばの根を水に挿します
　　　　葉みつばのスポンジを水につけます

❈器は？➡根みつばは、遮光したほうがよく発根するので、深めのマグカップなどがおすすめ。葉みつばは、スポンジが入る程度の浅い器がよい。

❈水の量➡根みつばは、根の全体がつかる程度。葉みつばは、スポンジを器に入れ、スポンジがつかる程度。

❈水替え➡水をよく吸うので、水をきらさないように、朝晩水をたす。

手順2　葉が出たら

10日ほどで次々と葉が出ます。このままでも次々に新しい葉が伸びるので、摘み取り

ながら収穫しましょう。葉みつばは、1つのスポンジにつき2〜3枚の葉を再収穫できます。ミントやバジルと同じように、土に植え替えると、より長く収穫できます〔⇨ステップ2〕。

🌱 クレソンを育てる

ぴりっとした独特の風味が好まれる、洋風料理のつけあわせの定番クレソン。残った一枝からたくさんの根が出て、いきいきと育ちます。買ってきたものより味はマイルド。葉は柔らかく小さく、緑が鮮やかです。ちょとちぎって、さっと皿に添えれば、立派な一品のできあがりです。

> 日当たり必要度●直射日光を避けて明るい場所で
> 発根までの日数●約3日
> 使うもの●残ったクレソンの枝

手順1　下の葉を除きます

長さ8〜10cmの枝を使います。芽のほうでも根に近い部分でもOK。水につかる部分の葉をハサミで除きます。

※なぜ？➡葉が水につかると、葉と水が腐りやすくなるため。

手順2　水に挿します

※器は？➡遮光したほうがよく発根するので、マグカップなどがおすすめ。
※水の量➡葉がつからない程度。
※水替え➡クレソンはとくにきれいな水を好むので、1日1回替える。

手順3　根が出たら

約3日で根が出ます。古い葉が落ちながら、次々に新しい葉が伸びるので、摘み取りながら収穫しましょう。

土に植え替えても楽しめます。小さな枝を残しておくと、次々に育って収穫できるので、ぜひ試してみてください〔⇨ステップ2〕。

🌱 大根・人参・かぶの葉を育てる

切り落として捨ててしまいがちな、大根・人参・かぶのへたの部分。水につけておくだけで、緑の葉がぐんぐん伸びて、ビタミンいっぱいの葉を収穫できます。味噌汁やチャーハンの具に使えるほか、料理のいろどりとしても役立ちます。

> 日当たり必要度●明るい場所で
> 収穫までの日数●約1週間
> 使うもの●大根・人参・かぶのへたの部分

手順1　へたを水につけます

根元の部分を1.5cmほど残したへたを使います。

- ❊器は？➡小皿や浅いカップなどがおすすめ。
- ❊水の量➡多すぎると腐りやすいので、ごく少なくてよい。切った面がつかっている程度が目安。途中で切った面が黒ずむことがあるが、問題ない。ぬるぬるしてきたら、流水で洗い流す。
- ❊水替え➡1日1回。

手順2　葉が出たら

大根やかぶは、まわりの古い葉が落ちて、真ん中から新しい葉が育ちます。収穫が遅れて花が咲いてきたら、菜の花として食べましょう。

人参は線香花火のようなかわいい葉。根元の部分がしぼむまで収穫でき、スープの青みにもなります。

使いみちいろいろ　買ってきた蒸しパンに人参の葉をのせるだけで、いろどりになります。

ステップ 2 土に植えて長く育てる

「水だけで育てて、食べきる」という手軽なスタートの次は、「土に植える」へステップアップしてみましょう。より長く収穫できます。この場合の土は、園芸店やホームセンターなどで購入できる「元肥入り培養土」がおすすめです。

どの野菜も、とても小さなスペースで育てられます。100円ショップなどで小さな植木鉢も手に入りますが、まずはお惣菜の空き容器、紙コップ、ヨーグルトや牛乳、いちごの空きパックなど、身近なものを使って始めるのがいいでしょう。

◀根みつばの根を土に植えて再収穫

◀葉みつばはスポンジごと土に植える

根が出たタイムを土に植え替えると、より長く収穫できる▶

◀クレソンを土に植え替えると、右下のように根元に新芽が育ってくる

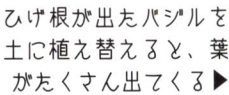

ひげ根が出たバジルを土に植え替えると、葉がたくさん出てくる▶

ステップ3　土に植えて再収穫

「もうダメだな」と捨ててしまう前に、少しの土に、さっと植えてみましょう。どんどん育って、野菜の生命力に驚かされます。

🌱 土に植えて、ニンニクの芽を育てる

ニンニクは保存がきくので、置いておいたら、いつのまにか芽が出てしまった！という経験ありませんか。芽が出ても、いつもどおりに料理に利用できますが、どうしても風味は落ちます。そんなときは、この芽を育てて収穫しましょう。

> 日当たり必要度●窓辺などの、風通しのよい明るい場所で
> 　　　　　　　暑さ・寒さに強い
> 収穫までの日数●約10日
> 使うもの●芽が出たにんにく
> 　　　　　土…少量
> 　　　　　お惣菜の空き容器など（深さ5cm程度、底に竹串などで穴を数カ所あける）

手順1　皮をむいて土に埋める

ニンニク1かけの皮をむきます。傷がつかないように注意してください。芽が出ているほうが上になるようにして、土に埋めます。

＊芽が出ていないニンニクでも同じように埋めれば芽が出て育つが、発芽までに倍以上の時間がかかる。

手順2　芽が育つ

初めの芽の出方によって、育ち方が違いますが、1週間ほどすると、芽がぐんぐん伸びます。10日〜2週間で芽が15cmくらいになったら、土から根ごと引き抜いて収穫しましょう。

手順3　根も食べられる

引き抜くと、根がびっしりと育っているのがわかるはず。この根もニンニクの香りが強く、素揚げなどで美味しく食べられます。ただし、根の間に入り込んだ土をきれいに洗うのを忘れずに。

ニンニクの根は、スーパーや青果店ではなかなか手に入りません。家庭のキッチン菜園ならではの楽しみです。

栽培のコツ

●基本は、風通しのよい明るい場所で

紹介した野菜は、室内の窓辺などの、風通しのよい明るい場所に置くのが基本です。風通しがよいと、病気にかかりにくくなります。3日に1度程度はベランダに出して、風に当てるのもよいでしょう。

また、野菜の様子をよく観察して、野菜が「気持ちよさそう」な環境（たとえばピンと元気な状態）を探してください。タイムのように、環境の変化に比較的強いものもあれば、バジルのように夏の直射日光や冬の寒さが、成長に合わないものもあります。様子をよく見て、元気がないなと思ったら、置く場所を変えてください。

●弱い光でも、日光を

できるだけカーテン越しの日光が当たるように、こまめに移動させましょう。大きなコンテナやプランターでは移動が大変ですが、小さな容器なら手間がかかりません。

太陽の光と蛍光灯の光では、明るさだけでなく、光の内容（波長）が違います。室内の光の弱さを補うために蛍光灯は多少の助けにはなるものの、野菜の成長に必要なのはやっぱり太陽の光です。

●水で育てる・土で育てる

植物の根がもっとも求めているものは、呼吸するための酸素です。水に挿して根が出たあと、ある程度までは育ちますが、根がたくさん張ってくると、小さな容器の中の限られた水の中では、カビや雑菌が繁殖しやすくなります。その結果、根に必要な酸素がたりず、うまく育たなくなるのです。

たとえば、クレソンをずっと水だけで育てていると、だんだん茎や根が傷んで、腐ってくるのがわかります。茎や根が腐ると、ますます水質が悪くなります。

土に植えた場合は、根は呼吸できます。それは、土の中に空気の層があるからです。ただし、土に植えたあと水を与えすぎると根腐れ状態になり、根が呼吸できずに死んでしまうこともあるので、注意してください。

第 2 章
ベランダ農力検定

竹本亮太郎

1　プランターの種類と特徴

　どんな野菜を育てるかで、選ぶプランターが大きく変わってきます。市販されているプランターの形や素材はさまざまですが、いちばん大事なのは深さです。

　収穫期の野菜の大きさ・高さや株数をイメージしながら、適切なプランターを選びましょう（表1）。その際、地上部の草丈と同じくらい根も生長することを忘れないでください。

　葉物野菜は、浅くて表面積の広いプランターがおすすめ。高く成長する実物野菜（果菜類）は支柱が必要になるので、支柱をしっかり挿せる深型プランターにしましょう（支柱を固定する資材はホームセンターに売っています）。

　プランターの素材と特徴を表2に整理しました。なお、市販のプランターがすべてではありません。バケツ、ザル、茶碗、空き缶などでも、底に排水用の穴を開ければ代用できます。

　また、プランターの置き場所は日当たりのよいベランダが最適です。ベランダがない場合は日当たりと風通しのよい室内に置いてください。

表1　プランターの種類

サイズ	おもな用途	代表的な野菜	代用可能なもの
浅型（深さ15cm程度）	葉物野菜	ラディッシュ、小松菜、ニラ、春菊、ミニチンゲンサイなど	茶碗、空缶、ザルなど
深型（深さ30cm以上）	実物野菜	ミニトマト、オクラ、ピーマンなど	バケツ

表2　素材の特徴

素材	価格	耐久性	生育環境	長所	短所
プラスチック、ビニール、金属	安い	○	△	手軽で軽い	蒸れて、土が高温になりやすい
テラコッタ（素焼きの鉢）	高い	△	◎	オシャレで通気性、水はけがよい	割れやすく、重い
木	高い	△	○	温度変化に強い	腐りやすい

2　土の準備

野菜を上手に育てるためには、適度な水もちと水はけが必要です。ベランダでのプランター栽培では、土の量が限られています。そのため、野菜の根が張りやすいように、通気性、排水性、保水性、保肥性を念頭に入れた団粒構造の土づくりが重要です。

> 通気性：根の張りやすさ
> 排水性：余分な水分の排出
> 保水性：水分を適度に維持
> 保肥性：必要な肥料の保持

便利な市販の有機栽培用培養土

手軽に始めるなら、ホームセンターなどに売っている野菜用の培養土を使ってください。おすすめは、「有機栽培用」と記載された培養土（有機培養土）です。

自分で土をつくる

無農薬・無化学肥料で野菜を育てるための土づくりは、自分でも行えます。用意するのは赤玉土・堆肥・腐葉土・燻炭で、比率は4：4：1：1です。

①赤玉土──粒状になった赤土。粒の隙間によって、水はけと水もちをよくする。
②堆肥──落ち葉や牛糞などの有機物を発酵させたもの。
③腐葉土──広葉樹の落ち葉を発酵させた土。栄養分が多い。品質に差があるので、よく乾燥して枝が細かく粉砕されているものを選ぶ。
④燻炭──もみ殻を焼いた炭。土の通気性、排水性、保肥性をよくする。

いずれもホームセンターに売っていて、多くは屋外に置かれています。赤玉土と堆肥を中心に土をつくり、腐葉土と燻炭をよく混ぜ、10日くらい雨に当たらない場所に保管して、寝かせましょう。

土の入れ替えと再利用

プランター栽培では水やりによる養分流出が激しいため、野菜を栽培した土を繰り返し利用すると、生育不良が起きやすくなります。そこで、収穫を終えたら土を入れ替えるほうがよいでしょう。同じ土を再利用する場合は、以下のようにしてください。

①土壌中の根や枯れ葉を取り除き、ふるいにかける。
②土を薄く広げて、熱湯をかける。
③黒いポリ袋に入れ、日光に10日間あてる。
④堆肥を投入する。目安は、最初に与えた量の3分の1程度。

なお、無農薬・無化学肥料栽培では石灰を使うと土が固くなるので、避けたほうが無難です。

3　肥料の与え方

元肥と追肥

　土づくりの段階で与える肥料が元肥。種播きや苗の植え付けの1～2週間前に与えて、効果を出します。「有機質肥料」と記載された肥料が初心者向けで、米ぬかや鶏糞、油粕も効果的。分量は土と同量程度です。市販の培養土を使う場合、元肥は必要ありません。

　生長途中で何回かに分けて与える肥料が追肥。プランター栽培の場合、水やりによって元肥が流出しやすいので、追肥のケアが必要です。追肥は苗の生長を促し、長い期間の収穫をもたらしてくれます。

　また、スペースが限られているプランター栽培では、水やりの際に肥料が流出しがちです。そこで、野菜の生長を促進し、収穫を長く楽しむために、液肥やボカシ肥を与えましょう。

　液肥は野菜が養分を吸収しやすく、効果が速く出ます。ただし、効く期間は短いので定期的に（2週間に1回程度）与えてください。ボカシ肥は微生物に分解されやすく、効果が速く出るうえに、長期間効きますが、多少臭いがあります。

液肥の作り方

　有機・無農薬栽培に適した、鶏糞や油かすを用いた液肥の作り方です。

①1ℓのペットボトルに、発酵鶏糞か油かすを約2cm入れる（いずれもホームセンターに売っている）。

②発酵を促進させるために、ヨーグルトを小さじ1杯加える。

③水を8分目まで加え、キャップを閉めてよく振る。

④密封すると発酵中に爆発する恐れがあるので、キャップを開けて日当たりのよいところで保管する。

⑤数日で泡が出始める。1～2カ月で茶色くなったら完成。

　上澄み液を500倍に薄めて、水やり時に週に一回程度ジョウロなどで与えます。

ボカシ肥の与え方

ボカシ肥は鶏糞や米ぬかなどの有機質を混ぜて発酵させた肥料です。発酵に時間がかかり、臭いもあるため、プランター栽培では市販品を利用しましょう。

2週間に1回程度、プランター1つに100gが目安です。野菜の苗に直接あたらないように、プランターの縁を囲うようにして、土の上に撒きましょう。水やりのたびに少しずつ溶け出して、生育を助けます。

ボカシ肥

生ごみを用いた土づくり

家庭から出る生ごみを利用して、無農薬で野菜を作るのに適した土づくりができます。「大地といのちの会」の吉田俊道代表の講演をもとに、紹介しましょう。

〈用意するもの〉

① 深型プランター

② 使用済の培養土

30cmのプランターの場合、約10ℓ

☞ 新しい培養土は肥料分が含まれているので避ける。

③ 新鮮な生ごみ

培養土の4分の1程度

☞ 野菜の皮や芯、へたはミネラルが豊富なので最適。

④ 米ぬかボカシ(米ぬかを乳酸菌で発酵させたもの)

生ごみの4分の1程度

☞ ホームセンターで購入できる。商品名はEMぼかし。

〈作り方〉

① 生ごみを5mm程度に細断する(踏みつぶしてもよい)。

② 米ぬかボカシと①をよく混ぜる。

③ ブルーシートの上に適度に湿った土を広げ、指先で②とよく混ぜる。

④ プランターに③を入れ、新聞紙で全体を覆い、暖かいところに置く。

☞ 雨があたらないように注意する。

⑤ 3日後、プランターの土の上下を引っくり返してよく混ぜる。白カビが生えていれば順調。

☞ 味噌のような匂いで、腐敗臭はしない。

⑥ 1週間後に⑤の作業を繰り返し、水をよく撒いてシートで覆う。

⑦ 室内の涼しいところに置き、2週間以上寝かせればOK。

4　種の播き方と定植の方法

　種から比較的育てやすいのは葉物野菜です。一方、実物野菜は発芽に適した環境をつくるのがむずかしいので、苗を用意することをおすすめします。

密に播いて間引きする

　葉物野菜の多くは、密集して種を播くと発芽率や発芽ぞろいがよくなり、野菜の糖度も高くなります。後から間引くつもりで、種と種が触れそうになるくらいの密度で播いてみませんか。播き方は筋播きです。

　そして、大きく分けて3段階に間引きをすることで、生育環境を整えます。
①発芽時：株間を3cm間隔にする。
②本葉2〜3枚：株間を6cm間隔にする。
③本葉4枚：株間を12cm間隔にする。

定植のコツ

　以下の手順で、鉢からプランターへ植え変えます。

①根鉢と同じ大きさの穴を掘り、水を注ぐ。
②茎が折れないように指で挟み、根鉢（根と根の周囲についた土）の崩れに注意しながら、逆さにして取り出す。
③水が浸透したら苗を植え付け、株元に土をかぶせて、用土と同じ高さに調整する。
④用土と根鉢がなじむように、たっぷり水やりをする。

　根鉢が土より上に出たり、深く植えすぎると、生育によくありません。

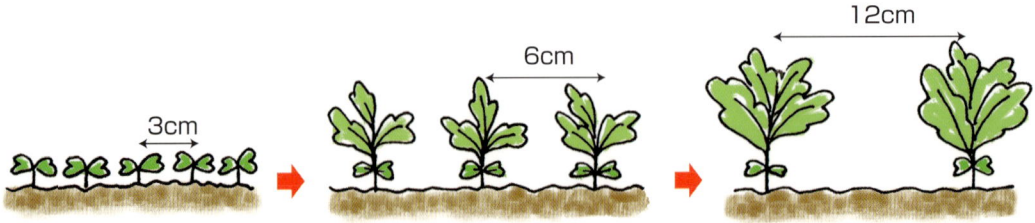

5　手入れの基本

 基本は水やり

　土が乾いたら鉢の底から水が流れるまで水をやるのが、プランター栽培の基本です。

　ただし、水のやりすぎにも注意しなければなりません。湿った土の状態が続くと、土の中の酸素が不足して、根腐れを起こすからです。土壌は乾燥状態と湿った状態のどちらも必要なのです。

　また、次の3点にとくに気を配りましょう。

1　夏の水やり

　乾燥が激しい夏は、朝夕2回たっぷり水を与えましょう。日差しの強い日中に水を与えると、お湯となった水分によって逆に弱るので、避けてください。

2　ジョウロのハス口

　水は土にかけることが基本です。葉や茎、花に水をかけると病気の原因にもなるので、シャワー状態にするハス口（小さな穴がたくさん開いた注ぎ口）を取り付けての水やりは控えましょう。

3　土の固さ

　水やりを繰り返していると、土の表面が固く締まり、水の浸透が阻害されるようになります。ときどき割り箸などを差し込んで、ほぐしてください。

温度管理と風に注意

　ミニトマトやピーマンなどの夏野菜は18〜28℃、ラディッシュや小松菜などの秋冬野菜は12〜23℃が生育適温です。

　プランター栽培でとくに気をつけなくてはならないのは、夏の暑さ対策と、発芽の適温管理。夏のベランダはコンクリートに熱がこもりやすいので、台を用いて直接は置かないこと。そして、よしずなどの日よけや夕方の打ち水で、気温を下げましょう。

　また、ベランダは風通しがよくない場合が多く、病害虫が発生しやすくなります。野菜同士が触れ合わないようにすると同時に、風が抜けるように、台を用いて3cm程度高くして、病害虫の発生を防ぎましょう。

　逆に強風が起こりやすいベランダでは、風除けネットを使う、倒れないように固定するなどの対策が必要です。また、トマトやピーマンのように背たけが高くなる野菜は窓際に置き、小松菜やラディッシュのように背の低い野菜はプランター同士をくっつけて置くと、転倒防止に役立ちます。

　台風のときには、プランターが風に飛ばさ

れて落下すると、とても危険です。台風接近時や強風時は、①屋内に入れる、②プランター同士をまとめてテープや紐でくくる、③背の高い鉢はあらかじめ寝かせるなどの対策を施し、事故に十分注意してください。

 病害虫対策

　病気や害虫の予防に大切なのは、日当たりのよい場所にプランターを置き、風通しと水はけをよくすることです。それでも悩まされることはあります。日々の観察による早期発見が一番の対策です。

　害虫を発見した場合は、葉ごとちぎって駆除したり、霧吹きを用いた熱湯のスプレーで勢いよく洗い流すといった処置を施しましょう。ふだんから枯れた葉や花を取り除き、清潔に保っていると、病害虫は発生しにくくなります。

　おもな病気への対策を表3にまとめました。また、ネギやニラ、ハーブなどはコンパニオンプランツと呼ばれ、特定の野菜と一緒に育てると、害虫の被害を軽くしたり、味や生育の相乗効果が得られます。害虫の被害が減らない場合は、隣りにこれらのプランターを置くと被害が軽くなるので、試してみてください。

　このほか、自然農薬としてトウガラシスプレーも有効です。霧吹きで実や葉の裏にかけてください。

●材料●
トウガラシ●20ｇ
ニンニク●2玉
粉石けん●ひとつまみ
水●1ℓ

●作り方●
①鍋に水を入れ、トウガラシとすりおろした

表3　おもな病気の症状と対策

	症　状	対　策	気をつける野菜
うどんこ病	葉に白い粉のようなカビ	発生部の切除 窒素肥料を控える	ナスやキュウリなど
モザイク病	葉にモザイク模様 株全体の委縮	発生部の切除 アブラムシの駆除	枝豆やミニトマトなど
べと病	葉に黄斑	発生部の切除 肥料を控える	キュウリやほうれん草など
白絹病	根元周辺に白い糸状のものが発生	発生した株の処分 風通しをよくする	ピーマンやミニトマトなど

ニンニクを加える。
② 十分に煮立てる。目安は約3分。
③ よく冷まして、布でこす。
④ 粉石けんを入れ、よく混ぜ合わせる。

なお、鳥による食害は、種播き後から本葉が出るまでは不織布で覆い、収穫時期にはメタリックテープや黄色のラメ入り紐を張ると、軽減できます。

近隣とのトラブルを避けるために

プランターを置くベランダには、非常時の避難通路としての役割もあります。マンションやアパートでは、隣室との境界にはプランターを置かないようにしましょう。葉や土が隣室に飛ばないためにも、境界はスッキリとしたいですね。

また、手すりの外側にプランターを掛けると落下した際に危険なだけでなく、落下を意識して通行人が不安に思います。土ぼこりが飛ぶ場合もあるので、手すりの外側にはプランターを掛けないこと。

そして、排水口は本来、雨水を流すためのもの。まめに掃除をするのはもちろん、排水溝を網で覆って枯れ葉や土で目詰まりしないようにしておくことも重要です。

6　プランター向き野菜の育て方

ローズマリー　初心者でも失敗しない

● 栽培カレンダー ●

時期	4月	5月	6月	7月	8月	9月	10月
挿し木	◆━━━━━▶						
収穫						◆━━▶	

肉や魚の匂い消しとしても重宝。種からでも育てられるが、挿し木や苗が簡単。1苗あれば挿し木で株を増やせる。

生長しすぎないように小さめのプランターを用いる

● 容器 ●

浅型のプランター（深さ15cm、幅65cm）

● 挿し木の方法 ●

① 生長した枝先を7〜8cmで切り取り、枝の下半分を除去する。その際、茎をとがらすように斜めにカットすると活着しやすい。
② 切り口を数時間水につけ、肥料分のない土に挿す。
③ 10日前後で発根する。
④ 繁茂してきたら、混み合っている立ち枝を根元から整枝すると、風通しがよくなり、わき芽の生長を促進する。
⑤ 花芽が出始めると、茎や葉が固くなってしまうので、根元から10cm程度を残すように思い切って強く整枝し、新芽を伸ばす。
⑥ 柔らかい枝先を、ハサミで収穫する。

シシトウ

1株あると料理のアクセントに重宝

● 栽培カレンダー ●

時期	3月	4月	5月	6月	7月	8月
種播き	■■	■				
定植		◆	◆			
収穫				▬	▬	

辛くないトウガラシ。暑さには強いが、寒さと乾燥に弱いので要注意。

● 容器 ●

深型のプランター（深さ30cm、幅65cm）

● 育て方 ●

① 深型プランターに40cm間隔で、種の2〜3倍の深さの穴を2つ掘る。
② 1つの穴に3粒の種を、触れ合わない程度の間隔で播く。
＊寒さに弱いので、発芽まで、夜間は室内に入れよう。
③ 本葉が1枚出たら、間隔を広げるために1本を間引く（別の鉢に移植してもよい）。
④ 本葉が2〜3枚になったら、生育の悪いものを間引き、1カ所に1苗（丸型ポットの場合は1鉢につき1苗）にする。
⑤ 苗が30cm程度に生長したら、株元から15〜20cmの位置で支柱を交差するように立てる。主枝と側枝を誘引し、ひもで固定する。
⑥ 芽が混み合っていれば、二股の下部のわき芽をかきとる。
⑦ 実が5〜8cmに生長したら、早めに収穫する。
⑧ 収穫期に入ったら2週間に1回程度約100gボカシ肥を追肥し、土となじませると、長期間収穫できる。
＊ニラ、ネギ、バジル、落花生と混植すると、害虫防止、生長促進、根の保護効果がある。これは、ゴーヤも同じ。

2苗で育てていく

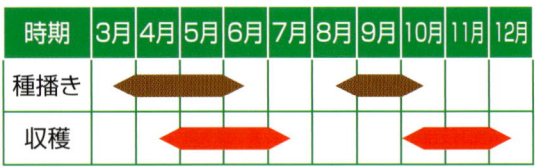 ## ラディッシュ

早く収穫でき、手間がかからない

● 栽培カレンダー ●

時期	3月	4月	5月	6月	7月	8月	9月	10月	11月	12月
種播き		■	■	■			■	■		
収穫			▬	▬	▬			▬	▬	

サラダのアクセントに最適な赤い実。1カ月程度で収穫でき、初心者にお勧め。真夏と真冬を避ければ、一年中栽培できる。

● 容器 ●

浅型のプランター（深さ15cm、幅65cm）

● 育て方 ●

① 湿らせた土に1cm間隔で種を播き、薄く土をかけ、手で軽く土を抑える。
② 本葉が3〜4枚になったら、株間4〜5cmになるように間引く。
③ 最短20日程度で収穫できる。

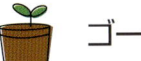ゴーヤ　ベランダを緑のカーテンに

● 栽培カレンダー ●

時期	4月	5月	6月	7月	8月	9月
植え付け		■	■			
収穫				■	■	■

　緑陰をつくれば真夏も快適。初心者は苗からが簡単。園芸用ネット（網目10〜15cm）を忘れずに。

● 容器 ●

　深型のプランター（深さ30cm、幅65cm）

● 育て方 ●

① 深型プランターに40cm間隔で、ポットが入る程度の深さの穴を2つ掘る。
② 根を傷めないように茎を指で挟んで逆さにし、底穴を指で押しながら、根鉢を崩さないようにポットから取り出す。
③ 掘った穴に苗を植え付け、株元に土をかぶせて、用土と同じ高さにそろえる。
④ ツルが10cm程度に伸びたら、根を傷めないように苗から約5cm離して、高さ50cm程度の仮支柱を中央と両端の3カ所に立て、ツルを結ぶ。
⑤ ツルが仮支柱の3分の2程度にまで伸びたら、ツル同士が重なり合わないように60cm×180cmの園芸用ネットを支柱と結び、90cmおきに横にも支柱を渡し、ツルを誘引する。
⑥ 植え付け後30日くらいから、2週間に1回ずつ、株元にボカシ肥を約100g与える。
⑦ 発芽後1カ月程度で、株元にボカシ肥を2週間に1回与える（←18ページ）。花が咲き、実がつき始めたら、1週間に1回くらい液肥を与えると、長期間収穫できる。
⑧ イボイボが十分に盛り上がったら、収穫のサイン。実のすぐ上をカットしよう。

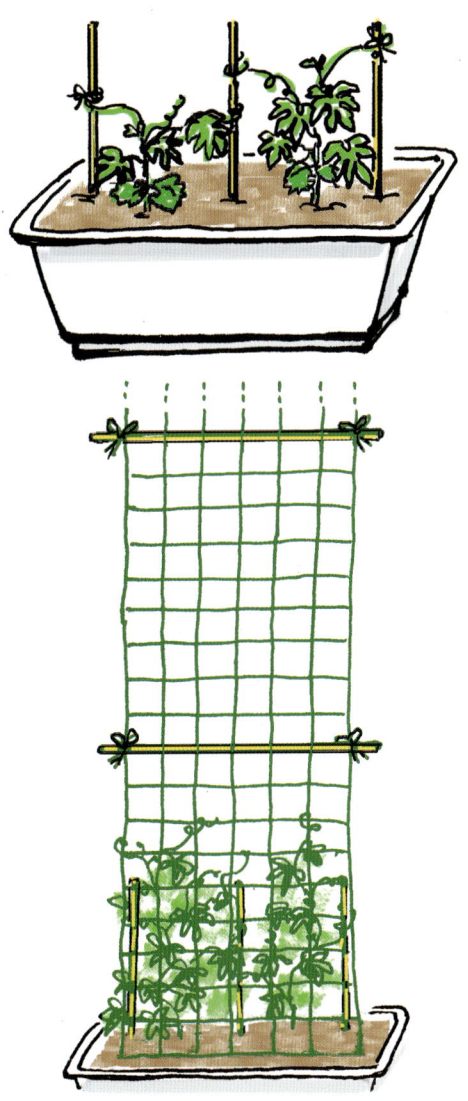

オクラ
花も実も楽しめる

●栽培カレンダー●

時期	4月	5月	6月	7月	8月	9月
種播き	■	■				
収穫				■	■	■

発芽適温が25℃前後と高く、10℃以下になると育たない。1株立ちの場合、光や養分の競合がないため、生育は早まるが、実が固くなりやすい。柔らかい実を一定量収穫できるように、4株立ちで育てよう。

4株立ちで育てる

●容器●

深型のプランター（深さ30cm、幅65cm）

●育て方●

①種を水に一晩つける。
②7～10cm間隔で円を描くように、種を3～4粒、種の厚み程度に覆土して播く。
③3～4株のまま育てる。生育初期は苗が混み合い、徒長しやすいので、元肥を土の3分の1くらいに少なくする。また、内側に絡む葉はすべてカットする。
④発芽後1カ月程度で100g追肥する。その後も、3週間に1回のペースで、追肥する。
⑤開花後約1週間、実の長さ6cm程度で先端が柔らかいころが収穫適期。
⑥収穫後は、節の下の葉はすべてカットする。

 ## 青菜類
秋から冬が美味しい

●栽培カレンダー●

時期	3	4	5	6	7	8	9	10	11
種播き		■	■	■					
間引			■	■	■				
収穫							■	■	■

ほうれん草や小松菜などの青菜類は真夏と真冬以外は生育できるが、味がしまるのは秋と冬。元来は12～23℃を好む。

●容器●

浅型のプランター（深さ15cm、幅65cm）

●育て方●

①種は筋播きする。集団発芽させると、相互に生長を助ける。
②本葉が出たとき、苗が重なり合うようであれば、葉が触れ合わない程度に間引く。
③苗高が7～8cmになったら間引き菜を収穫し、株間を6cm程度にする。
④害虫の被害が大きいようであれば、防虫ネットや不織布で防ごう。どちらも、ホームセンターで売られている。
⑤追肥をすると、葉のえぐみが増す。葉の色が悪くなければ必要ない。
⑥とくにアブラムシがつきやすい。青菜類やキャベツなどアブラナ科の野菜はキク科の野菜を好まないので、レタスや春菊などのキク科と混植すると防げる。
⑦草丈が15～20cmになったら収穫する。

ミニトマト

見た目が鮮やか

● 栽培カレンダー ●

時期	4月	5月	6月	7月	8月	9月
植え付け	■	■				
間引		■	■			
収穫				■	■	■

アブラムシに気をつければ、比較的簡単。苗を購入して植えるのが手軽。

● 容器 ●

丸型容器（深さ30cm程度）

● 育て方 ●

① 丸型の深めの容器に40cm間隔で、ポットが入る程度の深さの穴を2つ掘る。
② 根を傷めないように茎を指で挟んで逆さにし、底穴を指で押しながら、根鉢を崩さないように、ポットから取り出す。
③ 掘った穴に苗を植え付け、株元に土をかぶせて、用土と同じ高さにそろえる。
④ 一番花が咲いたら、苗から約5cm離れたところに高さ1.2m程度の支柱を立てる。

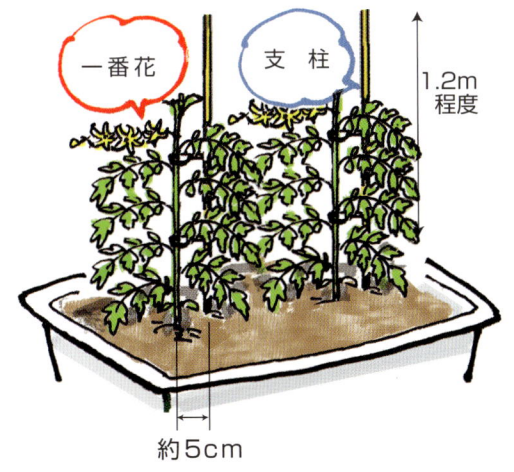

⑤ 苗がぐらつかないように、支柱と茎に麻ひもを八の字に回しかけるようにして、ゆるやかに結ぶ。
⑥ わき芽が5cm程度になったら、指先でかき取る。ウイルスが伝染しやすいので、ハサミは使わない。また、わき芽には生長ホルモンが含まれており、すべて取ると生育に影響するので、小さいうちはそのまま置いておく。

⑦ 一段目に花が咲き始めたら、軽くゆすって受粉を手伝う。2段目以降も、花が咲き始めるのを確認したら、こまめにゆする。
⑧ 花が咲いている枝の1段下で、支柱と枝を⑤と同じように結ぶ。
⑨ 主枝が支柱の高さに達したら、生長を止め、実のつきをよくするために、主枝を切る。切り口に水がたまると腐るので、晴天の午前中など乾燥しているときに行う。
⑩ 実が1〜2cmになったら、1週間に1度、液肥を20cc程度、水をやるジョウロに加えて追肥する。土壌が流出して根が見えてきたら、根が隠れる程度に土を加える。
⑪ ガクが反り返ったら、収穫時期。熟した実を手でもぎ取る。

新田穂高

第 3 章
市民農園農力検定

１ 市民農園を楽しむために

市民農園にはさまざまなタイプがあります。申し込んで契約する前には下見を。通いやすさを検討し、農園の雰囲気を感じてください。楽しみ方をイメージしてみましょう。

　野菜作りは、ベランダに置いたプランターや小さな庭の片隅でもできます。でも、もう少し畑らしい場所でと思うなら、市民農園を利用するのが一般的な方法でしょう。未経験者が週末の農作業で楽しむには手軽な面積で、仲間も得やすく、作り方などの情報交換もできるからです。技術指導を受けたり、農機具を借りられる農園もあります。

　地域によっては近所の市民農園に空きがないという声も聞かれますが、高まるニーズを受けて、市民農園の数は増えてきました。市区町など行政が管理する農園ばかりでなく、農家や管理会社が運営するタイプも見られます。ひとくちに市民農園といっても、場所によっていろいろな個性があるのです。

市民農園を探す

　市民農園の利用契約は、春から１年間という場合がほとんどです（郊外には、１年中いつでも申し込んでスタートできるところもあります）。通いやすいところでは、申し込み受付初日で満員になってしまうケースも聞きます。

　市民農園を借りようと考えたら、秋ごろからリサーチするのが理想。冬から初春に申し込み、春の作付けから始めましょう。

　市民農園を探すには、まず住まいのある市区町や周辺の役所に尋ねるとよいでしょう。担当は農政課や公園緑地課などさまざまなので、わからなければ総合案内で教えてもらいます。担当課では、行政が開設する農園のほか、民間の農園の情報がないかも聞いてみましょう。

　便利なのはインターネットの検索です。市区町のホームページを開けば、たいてい探せるはずです。また、「市民農園」「貸農園」「クラインガルテン」といったキーワードと都道府県などのエリアを掛け合わせて検索すると、民間の農園も多くヒットします。クラインガルテンは、コテージの付いた貸農園。車で１〜２時間程度の郊外に借りて、週末菜園生活を楽しむ人も増えています。

埼玉県の東武動物公園駅近くにある「新しい村」（→33ページ）の市民農園。郊外には、ゆったり広めの区画を特徴とする市民農園が多い。

市民農園選び8つのポイント

市民農園を選ぶとき、考えておきたいポイントがあります。おおまかにはつぎの8つをチェックしてください。

> ① アクセス
> ② 面積
> ③ 契約期間
> ④ 方針
> ⑤ 設備
> ⑥ 指導や管理などのサービス
> ⑦ 利用者同士のコミュニケーション
> ⑧ ルール

① アクセス

市民農園を眺めると、野菜の出来は区画ごとに大きく違います。その最大の理由は、区画のオーナーが畑に通う頻度です。毎日のように農園を訪れる人の畑では、ほぼみごとに野菜が育っています。逆に、種を播いたあと、ほとんど足を運ばない人の畑は、草ぼうぼうで野菜の姿が見えないほどです。

通いやすさは、菜園選びでいちばん重要なポイント。実際、市民農園に通う人の多くは、自転車に道具を積んで出かけられるくらいの近所から、車で10分程度の距離に住んでいます。

とはいえ、たとえ近所の畑でも、仕事のある平日に通うのはむずかしいもの。気分転換を兼ねての週末利用なら、多少遠くても環境のいい場所でと考える人もいるでしょう。

その場合は、駅近くで道具の貸し出しも行う農園や、週末の宿泊が可能なクラインガルテン、生育途中の管理を代行してくれる農園など、遠さを補う特徴をもつ農園を選ぶ方法もあります。

② 面積

菜園の面積が広いほど、たくさんの野菜を作れます。種類も増やせますし、サツマイモやカボチャなど比較的場所をとる野菜の作付けも可能。病気や虫を減らすには、広い畑で密植を避け、畝や株の間隔に余裕をもたせて日当たりや風通しよく作ることも大切です。

一方、面積が増えれば管理の手間は増えます。たくさんの作業をこなす技術も求められるでしょう。人力で間に合わなければ、畝立てや土寄せをする管理機が必要になるかもしれません。

とくに手強いのは雑草です。畑に通える日数が限られていると、手がまわらずに除草が追いつかなくなる場合があります。夏場に2〜3週間も放っておいたら、雑草は野菜よりも高く背を伸ばし、肥料分を奪い、日を遮って、野菜が育ちません。

市民農園の面積は一般に5〜30㎡。10㎡(3坪)あれば、夏の4大果菜のトマト、ナス、ピーマン、キュウリがそれぞれ2〜3

「新しい村」の区画面積は幅3m×長さ10mの30㎡。工夫すれば、家族で食べるほとんどの野菜を自給できる。

株作れます。株間にはニラやバジルなども植えられるでしょう。30㎡あれば、ベテランは家族で食べる野菜のほとんどを自家製でまかなえます。

初めての家庭菜園の面積は、自信がなければ10㎡前後、週に一度は必ず作業する意欲があれば30㎡前後が目標になります。

③ 契約期間

多くの市民農園は1年契約です。しかし、畑に堆肥などを入れて土づくりをするベテランは、できれば翌年も同じ畑を使いたいと考えます。こうした要望に応えて、募集定員に余裕のある市民農園の多くは、ほかに申し込みがなければ、同じ区画を継続して契約できるシステムになっています。

ただし、利用者を抽選で決めるような市街地に近い市民農園では、同区画の継続はむずかしいでしょう。まず、通いやすい近くの市民農園でスタートし、慣れた2年目以降は継続利用が可能な郊外の農園に移るケースも少なくないようです。

④ 方　針

区画を貸し出して、「あとはご自由に」という市民農園もあれば、作付ける野菜や植える場所まで指定される市民農園もあります。農園ごとに方針はさまざまです。

方針の違いはおおまかに、どこまで手厚くケアするかでタイプ分けできます。

a) 放任型

極端な場合は区画を貸し出すのみ。水場やトイレなどが未整備の市民農園も。ただし、使用後の資材の自己処分など、最低限のルールは決められている。区画ごとに畑の出来のばらつきは大きい。管理コストが低いため、同じような立地条件のなかでは比較的低料金といえる。

b) 中間型

水場やトイレなどが整備され、休日には指導員が見回りにくる。基本的には作付けは各人に任されているが、利用者同士の親睦を深めるサークル活動などを支援したり、農薬や資材の使用に制限を設ける市民農園もある。

c) 管理型

農家が経営する市民農園のなかには、施肥や耕起など畑の準備や、除草など途中の管理を農家が助けるタイプもある。この場合、作業しやすいように、作付ける品種や場所を指定されることも。とはいえ、失敗の少ない確実な収穫が見込める。

こうした区分のほか、有機農業を掲げたり、野菜料理や加工などのイベントを催すなど、個性を売りにしたユニークな市民農園もあります。

⑤ 設　備

すぐ近くの市民農園なら、畑だけあれば事足りますが、遠い場所では設備も気になります。最低限ほしいのはトイレと駐車場。鍬や鎌を洗い、ジョウロを満たす水場も必要です。

貸し出し用に鍬や鎌などの道具、さらに管理機などの機械を常備している、設備の行き

駐車場は市民農園に欠かせない。近くの利用者でも、道具や資材を運ぶため車を利用するケースが多い。

新しい村には農園のクラブハウスがあり、トイレ、道具を洗える水場のほか、お弁当を広げて休めるベンチ、休憩室、更衣室などが備わっている。シャワールームの利用者は意外に少ないが、遠方から来る人にはうれしい設備。

新しい村の倉庫には、農園利用者が自由に使える道具が並ぶ。服装だけ準備すれば、あとは手ぶらでも作業に来られる。鎌などの小さい道具は自前でそろえる人も多いが、個人では持ちにくい管理機などまで備えられているので便利。

届いた市民農園もあります。また、更衣室やシャワールーム、お弁当やミーティングに便利な屋内の休憩スペースなどを完備した市民農園も増えてきました。

ローコストで野菜を自給する場所ではなく、心をリラックスさせて休日を楽しむ場所として、最近の市民農園には一定の快適さが求められているようです。

道具を洗い、ジョウロに水を汲むための水場は、区画の近くに整備されていると使いやすい。

⑥ 指導や管理などのサービス

④の方針でも記したとおり、利用者にどこまでケアをするかは市民農園によって異なります。比較的多いのは休日の指導員巡回や、管理の滞った畑の利用者への連絡などを無料で行っているケース。さらに、求めに応じて除草などの管理を有償で行ったり、畑づくりや料理・加工などの講習会を催す農園も見られます。また、直売所や園芸店が隣接し、種や苗、肥料、園芸資材などが買える農園もあります。

野菜作りの技術は、どんな肥料や資材を使うか、農薬を使うか否かなど、人によってさまざまです。市民農園の指導員が教えてくれる技術も、細かくみればそれぞれ異なります。ただ、種播き、植え付け、除草など基本的な作業は共通しています。初めて野菜を作る場合は、チャンスがあれば指導員から一通り教えを受けるのも、基本を覚えて上達する早道です。

⑦ 利用者同士のコミュニケーション

多くの菜園家が利用する市民農園。頻繁に畑に通う熱心な人ほど、お互い顔を合わせます。野菜作りという共通の趣味をもつ同士、自然に会話が生まれるでしょう。みごとな野菜を育てるベテランたちは、とくに種播きや植え付けの時期、品種などについて仲間と情報交換して、作付けに生かしています。

利用者同士のコミュニケーションを促すため、交流会を催すなど工夫をこらす市民農園もあります。ただ、なかには一人静かに野菜に向き合いたいと考える人もいて、その気持ちは尊重されなければなりません。雰囲気のいい農園ほど、利用者はお互いほどほどに上手なおつきあいを続けているものです。

コミュニケーションの雰囲気は、利用してみなければわからない面があります。とはいえ、雰囲気をつくるのは利用者一人ひとりです。まずは「こんにちは」と挨拶して、ときには「よく出来てますね」などと声をかけてみてください。その場からコミュニケーションが始まります。

農園内で堆肥を作りたい人が集まる「堆肥づくり研究会」のメンバー。新しい村では、こうした仲間づくりの活動をサポートしている。

⑧ ルール

市民農園を気持ちのいい空間に保つには、共通して守るルールも必要となります。ごみや使用後の資材の処理方法はもちろん、除草した雑草や収穫後に片付けた野菜の始末などにも取り決めがあるのが普通です。

野菜の作付け記録の提出をルールとする市民農園もあります。区画の利用契約が切れて、別の人が区画を使うとき、記録を参考に作付け計画を立てられるからです。

景観を保つために使用する資材が決められていたり、土質を守るために農薬や肥料や堆肥に制限を設けている市民農園もあります。自分なりに求める農法をもっている人は、申し込み前に確認してください。

利用者同士のコミュニケーションは野菜作りを通じて自然に広がっていく。品種や作付けの時期など、情報交換するメリットは大きい。

気持ちいい環境を保つため、ごみや残渣の処理、道具の片付けなど、農園には一定のルールが必要。

市民農園訪問 1

整備のゆきとどいた郊外型農業公園

新しい村

　都心から約45km、東武伊勢崎線を東武動物公園駅で下車して徒歩10分の農業公園。宮代町（埼玉県）のポリシー「農のあるまちづくり」に基づいて、直売所やハーブ園、再生した田んぼなどを整備し、地元農産物の販売、農業体験、クッキングなどの講座を行っている。

　公園内に開かれた「結の里」は、個人で借りて自由に栽培できる市民農園。3m×10mと比較的広めの区画は、郊外型の農園ならではの特長だろう。水場やトイレ、シャワー室、休憩室、無料で使える農機具が用意されているほか、市民農園アドバイザーが巡回するなど、ほどよいサポートも好評。市民農園アドバイザーの伊東秀継さんは言う。

　「自由に栽培できるとはいえ、農園の景観をきれいに保つには、利用者同士である程度のコミュニケーションが必要です。農園では年に一度総会を催すほか、隣同士の5人で班をつくってもらい、必要があれば班長会を開いて連絡を取り合います」

　利用期間は4月から翌年3月の1年間だが、希望すれば同じ区画で契約更新できる。利用料金は年間1万5000円（互助会費含む）。

〒345-0824　埼玉県南埼玉郡宮代町山崎777-1
TEL：0480-36-3441
http://www.atarasiimura.com

余裕のある広さで、多種類の野菜を育てる。2区画を借りるベテランもいる。

伊東秀継さんは農園内の自主サークル「堆肥作り研究会」の代表でもある。2区画で年に40～50種類の野菜を作る。

知った顔が畑に集まれば野菜談義に花が咲く。品種、堆肥……話題は尽きない。

掲示板に貼られたイベントを知らせるチラシ。さまざまな企画が広い年齢層に受けている。

市民農園の1年

春夏秋冬それぞれに作業があり、収穫の喜びを味わえます。野菜の姿と畑の風情に季節の移ろいを感じてください。

春 菜園の春は、関東地方以西なら少しだけ気温が上向いて畑の土が起き出す2月下旬からスタートします。3月に始まる小松菜やチンゲンサイなどの種播きや、キャベツなどの苗の定植、ジャガイモの植え付けに向けて、畑に堆肥を施し、耕しておくのです。4月に契約が切り替わる市民農園では、契約後すぐに土づくりをして、中旬にはほうれん草や小松菜を播きます。

薫風を感じるころには、いよいよ市民農園のメインイベント、果菜類の定植です。ナス、トマト、ピーマン、キュウリなどの苗は、遅霜の心配がなくなるタイミングで畑に植えます。関東や関西の一般的なエリアでは、ちょうどゴールデンウィーク。市民農園が1年でもっともにぎやかなシーズンです。

夏 苗の定植が終わって梅雨に入ると、市民農園は静かになります。けれども、根付いた野菜たちは気温が上がると、一気に生長を始めるので、足繁く農園に通って世話をするのが成功の秘訣。雑草の伸びも旺盛なので、週末に訪れたら土の表面を削り、小さいうちに取り除くのがいちばん楽です。5月に定植した果菜類のうち、キュウリやズッキーニは、早くも6月には収穫を楽しめます。

7月なかばを過ぎると、夏野菜が本格的な収穫シーズンに。一方でキャベツ類や人参など秋作の種播きの季節でもあります。忙しく収穫しながら、次の季節を見越して種播きができれば、すでに市民農園のベテランです。

秋

ナスやピーマンは上手に管理して畑に置くと、霜が降りるまで収穫できます。ただし、スペースに限りのある市民農園では、樹勢の落ちた株から早めに片付けて秋作に備えましょう。

残暑の残る9月には秋穫りの大根にチンゲンサイや春菊など葉菜類の種を播き、キャベツの苗を定植。10月には小松菜やほうれん草など冬穫りの葉もの、さらにエンドウ、空豆、玉ねぎと、11月までさまざまな野菜の作付け適期が切れ目なく続くのが市民農園の秋です。

10月になれば雑草の伸びも穏やかで、虫も減り、ほうれん草やカブ、イモ類など、美味しい収穫が始まります。始めたばかりの菜園家はどうしても春から夏に目が向きますが、畑がもっとも落ち着いて気持ちのいい季節は秋。ぜひ、秋作をメインに楽しんでみてください。

冬

菜園家の多くは、冬はお休み。インドアで翌年のプランを立てます。けれども、大根、人参、ネギ、キャベツなど冬でも収穫できる野菜は多いので、慣れたら秋のうちに作付けておきましょう。ほうれん草や小松菜には、耐寒性の高い品種を選ぶ、不織布をベタがけして寒さを避けると同時に鳥の食害を防ぐなどの工夫ができます。こうすれば、冬から春先まで収穫可能です。

落ち葉を集めた堆肥や、米ぬかや油かすなどを使ったボカシ肥をつくるのも、他の作業が少ない冬の仕事。どちらかといえば玄人好みのイメージのある季節ですが、冬の準備が進んでいると、春に始まる新しいシーズンはより楽しいものになります。

2 菜園の基本は土づくりから

野菜が元気に根を張れるフカフカの土は、たくさんの微生物が生きている土。土中の菌の種類も豊富で、バランスが保たれているため、特定の病原菌も広がりにくくなります。

野菜にとって、土はしっかりと落ち着くための家、肥料は食事のようなものです。どちらが欠けても思うように育たないし、病気や虫の被害を受けやすくなります。よい土をつくることは、バランスのとれた施肥と同様に、野菜栽培の基本です。

よい土とは微生物の生きた土

野菜がよく育つよい土とは、水はけがよく、適度な保水力があり、肥料分が長もちする土です。よい土はこの一見矛盾する性質をもち、細かな粒子が適度な隙間を保ちながらお互いに引き合った団粒構造を形づくっています。フカフカで柔らかく、鍬で耕すのにも苦労しません。

団粒構造は土中の微生物の働きで保たれています。よい土の中には、たくさんの微生物が活発に生きているのです。土づくりとは、土中の微生物を増やすこと。そのためには微生物にエサを与える必要があります。

微生物のエサは炭素分。炭素分は落ち葉やワラ、草、籾殻などに多く含まれています。これらを土中の微生物が利用しやすい形になるまで、あらかじめ発酵分解させたものが堆肥。昔から、「よい土をつくるには堆肥を畑にたっぷり入れろ」と言われてきました。

よい土の畑では病虫害が少ない

微生物の生きるよい土では、野菜は根を張りやすく、元気にすくすく育ちます。こうした土の中には、細菌をはじめ糸状菌や放線菌などが1g中に1000万ほども住んでいるそうです。発酵させた堆肥中では、さらにこの約10倍の数になるといわれます。これほど多くの微生物がバランスを保つ土の中では、特定の病原菌が繁殖しにくく、畑全体に病気が広がる心配もあまりありません。

さらに、微生物は、完全に分解されていない堆肥の成分などを、土の中で少しずつ植物が利用できる肥料分に変えていきます。こうして肥料分が長持ちする「肥えた畑」になれば、短期間に過剰な肥料分を与える必要もありません。とくに、窒素肥料が多すぎると野菜に虫が付きやすくなりますが、土がよければそのリスクも減らせるのです。

農薬を使わない有機農業では、土づくりを基本にして、病虫害を防ぎます。農薬や化成肥料を用いる一般的な農家でも、熱心な人は畑に堆肥を施して土づくりの労を惜しみません。よい土の畑なら、美味しい野菜がより確実にできるからです。

土づくりには堆肥を入れる方法のほかに、耕さずに草を刈り置いて野菜を作る自然農法

もあります。人の力でつくる堆肥を用いず、草の根で畑を柔らかくし、置いた草を微生物のエサにします。つまり、自然の力で土をつくるのです。ただし、堆肥を入れる以上に長い時間が必要です。

土づくりには時間がかかる

　堆肥は、落ち葉やワラ、籾殻、生ごみ、青草など炭素分の多い資材を中心に、米ぬかや油かす、魚粉、おから、鶏糞、豚糞、牛糞など窒素分を多く含む資材を混ぜ、適度な水分を含ませながら、積み上げてつくります。

　積み上げて数日すると、発酵で堆肥の表面まで熱をもってくるはず。2週間ほどしたら切り返して、中に空気を入れてやると、さらに発酵が進み、2〜3カ月後にはほぼ完熟します。この状態で畑に入れれば、ガスの発生などで野菜が被害を受ける心配はほとんどありません。ただし、購入した堆肥の場合は、念のため作付けの1カ月〜2週間ほど前に、畑に施すようにしましょう。

　このように、土づくりは堆肥を入れたその日に完了というわけにはいきません。時間がかかります。新たに堆肥を入れて土づくりを始めた畑の場合、満足に野菜のできる「よい土」になるまでに3年ほどは必要です。堆肥は土中で微生物の働きによってさらに分解されて、肥料効果を発揮します。分解はゆっくりなので、植物に十分な肥料分がゆきわたるようになるまでに3年ほどの蓄積が求められるのです。

市民農園の仲間が集まって落ち葉を運び、水をかけながら積み上げて踏み込み、2週間おきに数回切り返してつくった堆肥。楽しみながらみんなで作業。作付けの前に畑に入れて耕せば、少しずつよい土が育っていく。

　このためベテラン菜園家は同じ区画を継続して使いたいと考えます。年ごとに区画が変わるシステムの市民農園では、長期的な土づくりができません。

堆肥とボカシ肥

　堆肥は炭素分を多く含む材料でつくられ、土づくりに使われます。ただし、発酵を早めるために、米ぬか、油かす、魚粉、おから、鶏糞、豚糞、牛糞など肥料分の多い材料も混ぜますから、野菜の肥料としての効果もあります。効き目はじわじわと長く少しずつ。このため堆肥は、種播きや植え付け前に施して、生育中の肥料分のベースとする元肥に利用されます。

　一方、ボカシ肥は、鶏糞や米ぬか、油かす、魚粉、おからなど肥料分の多い材料を中心に発酵させてつくる有機質肥料です。土づくりの効果は堆肥ほどではありませんが、微生物が生きているため、化成肥料と比べると、肥料効果は穏やかで長持ちします。また、化成肥料のようにはいきませんが、堆肥よりも速効性があり、早めに施せば、生育途中で肥料を補う追肥にも使えます。

3 野菜を観察して肥料を施す

肥料が不足すると、野菜はうまく育ちません。でも、与えすぎれば、味を落としたり、病気や害虫への抵抗力が弱まったりします。野菜の出来を観察して、肥料となるものをタイミングよく適量与えるのがポイントです。

　野菜がとくに求める肥料は、窒素（N）、リン酸（P）、カリ（K）。これを肥料の三大要素と言います。

　三大要素の成分を化学的に処理して調整したものが化成肥料です。袋には、8－7－6とか10－10－10などと表記されています。これらは、窒素、リン酸、カリの順で8％・7％・6％、10％・10％・10％の成分を含むという意味です。

　化成肥料は吸収されやすく、作物がすぐに使える栄養素。効きが早く、むらなく確実な効果が望めるのが特徴です。とくに、追肥に向いています。栽培期間の長い作物の元肥に使う場合は、与えすぎずに、何度か追肥して補いましょう。一度に与えすぎると、ガスが出て根を傷めるからです。

　肥料の効きの遅い堆肥と、速効性の化成肥料との長所を併せ持つように、両者を30：1程度の比率で混ぜたものを配合肥料といいます。

窒素過多には要注意

　窒素は「葉肥え」といわれ、おもに葉や茎をつくるうえで大切な役割を果たします。有機質肥料では、鶏糞や豚糞など動物質に由来するものや、油かすなどに多く含まれます。

　窒素が不足すると、野菜は黄色っぽく縮こまり、大きくなりません。反対に、多すぎてもダメ。葉は濃い緑に大きく育ち、茎の生育も旺盛ですが、病虫害の被害を受けやすくなるうえ、アクが強まって味も落ちるのです。また、トマトやサツマイモ、大豆など比較的少肥を好む作物は、窒素が多いと葉ばかりが茂り、かえって実やイモがつきません。

　住宅の庭のように初めて畑にする土地では、窒素不足で野菜が育たないことが多いです。一方、前の利用者から区画を引き継ぐ市民農園では、土中に窒素が多く残りすぎてうまくいかないケースも見られます。

　どれだけの肥料分が残っているかは土壌分析すればわかりますが、市民農園では一般的な方法とはいえません。目安になるのは野菜の出来です。まず、小松菜やチンゲンサイなどの葉菜類を播いてみてください。周囲の区画より育ちが遅く、大きくならなければ、窒素不足気味です。緑濃くビッグサイズに育つなら逆に過剰気味なので、しばらく施肥を控えて様子を見るとよいでしょう。

　有機栽培では、鶏糞堆肥や豚糞堆肥など動物質を多く含む堆肥を使って窒素肥料を補うのが一般的です。窒素は堆肥をつくるとき、

微生物が発酵して熱を出すきっかけの役割も果たします。こうした堆肥は、痩せた畑を肥やしていくのに適しています。肥料効果が比較的高いからです。

しかし、堆肥を毎年使い続けて窒素過多になるケースもあります。そこでプロの農家は、落ち葉やワラなど炭素質の多い材料に動物質の材料を加えた堆肥と、米ぬかや油かすなど比較的窒素の効きが弱い植物質の材料を加えた堆肥とを使い分けるなどして、窒素過多を防ぎます。堆肥づくりに慣れたら、試してみるといいでしょう。

市民農園でも、ベテランは購入する堆肥の成分に気を配ります。市販の堆肥はものによって成分や発酵具合はかなり異なるので、何度か試しながら施す量や時期を見つける必要があるのです。なかには、植物質材料の自作堆肥で土をつくったうえで、野菜の生育を見ながら足りない分を化学肥料やボカシ肥で補うといった工夫をする人もいます。

果菜類にリン酸、豆にカリ

リン酸は「実肥え」といわれ、果菜類や根菜類にはとくに重要です。有機質の材料では、米ぬかや鶏糞などに比較的多く含まれています。生育初期に必要とされるので、元肥となる堆肥をつくるときは、リン酸を含む材料を加えるとよいでしょう。

カリは「根肥え」といわれます。とくにサツマイモやジャガイモなどに必要となるほか、大豆などの豆類にも欠かせません。有機質の材料では、堆肥のほか、鶏糞、米ぬか、油かすなどにも含まれています。よく知られるカリ肥料は草木灰ですが、市民農園で手に入れるのはむずかしいかもしれません。

カルシウムとマグネシウム

このほか、カルシウム、マグネシウム、鉄、銅、モリブデン、硫黄、亜鉛、ホウ素、塩素など微量要素といわれる物質を、野菜はごくわずか利用します。なかでも大切なのがカルシウムとマグネシウム。これらは、中量要素と呼ばれることもあります。

カルシウムを含む資材の代表は石灰です。マグネシウムは苦土と呼ばれ、一般には両方を一度に補える苦土石灰を畑に施します。苦土石灰には、酸性土壌を中和する働きもあります。酸性土壌を嫌う野菜の代表は、ほうれん草です。ほうれん草がうまくできない原因の多くは、酸性土壌か肥料不足。苦土石灰を施してみてください。ほうれん草が上手にできる畑なら、たいていの野菜がよくできます。

ただし、石灰を使いすぎると土が固くなります。1㎡あたり2～3握りで十分。できれば、種播きや植え付けの2週間ほど前までに撒いて耕します。油かすや化学肥料など肥料分の濃いものと一緒にして土中で混ぜるとガスを発生するので、別々に施しましょう。より穏やかな効き目を望むのなら、貝化石やカキ殻、有機石灰を使ってください。

また、堆肥は中性なので、十分に施せば酸性土壌の改善にもつながります。

4 市民農園の農具と資材

農園で使う道具と資材は、畑の面積、かけられる時間、どんな農法かの3つによって決まります。必要を感じたら少しずつそろえていけば十分です。

使うものを決める3要素

① 畑の面積

10㎡までなら、移植ごて、スコップ、鎌、ジョウロ、収穫ハサミくらいで足りるでしょう。さらに鍬の使い方を覚えると、畝立てや土寄せなどを、あっという間にこなせます。

20㎡以上になると、草削りと呼ばれる除草用の鍬や、土をならすレーキなども、欲しくなるかもしれません。必要を感じたときに買い足してください。

市民農園の場合、一部の例外を除いて面積は大きくても100㎡までででしょう。慣れた人なら動力を使わず、手作業でこなせる範囲です。力仕事が苦手で、鍬を振るうのがむずかしければ、20㎡程度でも耕起や土寄せには管理機が役に立つかもしれません。ただし、管理機は大きさによって10万～20万円程度と、それなりに高価です。こうした機械を常備して、貸し出している市民農園あります。

② かけられる時間

面積が広くなれば、かかる手間も増えて時間を取られます。かけられる時間が限られているときは、資材の使い方を工夫して手間を省くことを考えましょう。

省力化のためにもっとも手軽に使えるのは、畑の表面を覆うポリマルチです。野菜にもよりますが、あらかじめポリマルチを施したうえで種播きや植え付けをすれば、まわりに雑草が生えず、除草の手間を大幅に減らせます。また、アオムシなどの害虫を農薬を使わずに防ぐとき、種播きや移植と同時にU字支柱を使ってトンネル状に防虫ネットを張れば、手で虫を取る手間がかかりません。

③ どんな農法か

虫を抑えるために農薬を使うのか、それとも有機農業で防虫ネットを使うのか、資材は極力使わずこまめに手で取るのか。農法によって、必要な道具や資材は変わります。また、ビニールトンネルを用いて、春の早い時期から葉菜類などを採ることもできますし、資材を使わずにできる旬まで待つ人もいます。不織布をべたがけして霜を避ければ、冬野菜の収穫時期を伸ばせます。

どんな農法で野菜を育てるかは、菜園家の考え方しだい。たとえば、耕さず草も取らない自然農法を旨とするなら、道具は鎌と移植ごて程度ですむかもしれません。ただし、自然農法は草刈りが遅れて雑草が伸びると周囲の畑に悪影響を及ぼすことがあるため、歓迎しない市民農園が多いです。

市民農園の農具

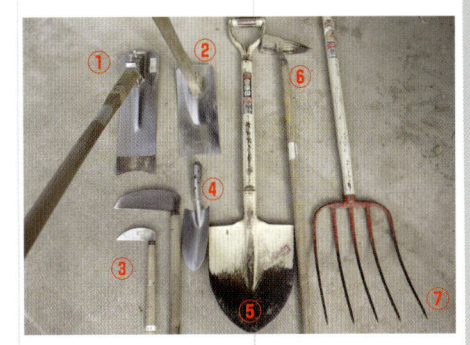

①**鍬** 刃に長さがあり、柄をつける角度が狭い大正鍬と呼ばれるタイプ。畝の横に回ってカニ歩きの方向に移動しながら畝立てする。腰をかがめたスタイルになるため苦しそうに見えるが、一度に刃に乗せられる土の量が多いので、慣れると驚くほどの早さで畝立てができる。耕起と同時に刃のサイドを使って土を均すことにも使える。慣れた人は、この鍬1本でほとんどの作業をこなす。

②**鍬** 刃が短く、柄をつける角度が広いタイプ。平鍬と呼ばれる。比較的腰を立てて作業ができる。耕起や土寄せなど誰にでも扱いやすい。

③**鎌** おもに除草に使う。株まわりの細かい部分の草を取るには、小さいほうが扱いやすい。大きくなりすぎた草を取るには一回り大きめが向く。ベテランは刃で土の表面を削るようにして、根を残さずに除草する。ときどき研いで使うので、砥石もセットで求める。

④**移植ごて** 畑の土が柔らかければ、手で土をすくって苗が移植できる。土が硬ければ、移植ごてがあると便利。

⑤**スコップ** 市民農園では、鍬でなくスコップで作業する人も少なくない。時間はかかるが、鍬より深く耕せる。ネギやイモなどの収穫や堆肥の散布など、出番は多い。

⑥**三角ホー** 先がとがった三角形で、両サイドに刃がついている。除草作業が立ったままでき、細かいところにも使いやすい。

⑦**フォーク** 堆肥の切り返しに使う。大量の雑草や収穫後の野菜残渣を運ぶにも便利。

管理機（左） 写真は駆動用のタイヤと耕起用のローターが別になったタイプで、比較的硬い土でも耕せる。深く耕すには何度か往復して土を起こしていく。ただし、重いので、遠方への持ち運びには軽トラックが必要。小型でタイヤがなく、ローターが耕起と駆動を兼ねる管理機には、乗用車に乗せられるタイプもある。

不織布（右） 野菜の上にそのまま"べたがけ"して保温、霜よけ、鳥害防止などができる。ビニールトンネルは晴れた日にサイドを開けるが、通気性のある不織布はその手間もいらず、市民農園で人気が高い資材。風で飛ばされないように、U字型のピンなどを使ってしっかりと固定する。使用後に回収すれば、数年は使える。

5 病気や虫と向き合う工夫

農薬の使用を歓迎しない市民農園が増えています。無農薬で野菜を作るにはどうすればよいのでしょう。さまざまな工夫や技術を組み合わせることで、病気や虫の害を防ぎます。

　市民農園の利用者は無農薬で野菜を作りたいと考えている人が大半です。もっとも、実際に病気や虫が発生すると、やむを得ず農薬を使うケースも見られます。

　いま、プロの農家の農薬使用については厳しい規定が設けられています。作物ごとに使用できる農薬が定められているほか、濃度や使用時期、回数の上限なども決められ、隣の畑への飛散を防ぐ手だても必要です。

　仮に市民農園で農薬を用いる場合、プロと同じように注意しなければなりません。農薬の表示をよく確かめて、使用可能な野菜にのみ、濃度をきちんと計って使ってください。

　とはいえ、隣の区画との間隔が狭い市民農園では、飛散のリスクをゼロにするのはむずかしいでしょう。農薬の使用を制限する市民農園も増えてきました。

　農薬を使わずにすめば、それにこしたことはありません。ここでは、無農薬で病気や虫に対処する方法を考えてみましょう。

キャベツを食べるアオムシ。虫の食害には、注意すべき品目と時期がある。

無農薬で育てる12のポイント

① 風通しよく
② 適度な肥料で
③ 土づくり
④ 輪作
⑤ 適期の種播き
⑥ 品種を選ぶ
⑦ 多品目を作る
⑧ 防虫ネットを使う
⑨ トマトには雨よけ
⑩ 混植の知恵
⑪ 病気の株は取り除く
⑫ 天敵を味方に

① 風通しよく

　病気の蔓延やアブラムシなどの虫害を防ぐには、畝間や株間を広めにとって風通しよく作付けます。たとえばプロの有機農家は、ナスやピーマンなら株間60cmに条間1.5m以上もとっています。

　市民農園ではスペースが限られているので、密植気味になりがちなのはやむをえません。それでも、それぞれの畝に風が通りやすく、日当たりも確保できるように、配置を工夫してください。キュウリ、ナスやピーマンでは下側のわき芽を摘んで、すっきりと仕立てるのもコツです。

雑草が繁茂すると、風が通らず、日当たりが悪くなるうえ、害虫の棲み処にもなります。周辺の区画にも影響が及ぶので、こまめな除草は市民農園のマナーといえるでしょう。

② 適度な肥料で

窒素肥料を多めに施すと、野菜は大きく茂ります。しかし、茎や葉は軟弱になって病気への抵抗力が弱まるうえ、アブラムシなど害虫の被害も受けやすくなります。窒素肥料を多くやりすぎないことも、無農薬で育てるコツ。野菜の葉の色が濃い緑ではなく、やさしい若草色になる程度の窒素量に抑えれば、病害虫が少なく、味も美味しく仕上がります。

野菜の出来を見ながら肥料の量を加減する。すくすくと若草色に育てば成功。

③ 土づくり

土づくりができ、植物が根を張りやすい畑では、野菜は病気に強く、元気に育ちます。よい土の中で活発に生きるさまざまな微生物が、特定の病原菌の蔓延を防ぐからです。遠回りのようですが、土づくりが無農薬栽培の基本と考えましょう。

④ 輪　作

同じ作物を同じ区画で作り続けると、土中でその作物を好む病原菌や害虫が増えたり、肥料や微量要素の成分が偏ったりします。この結果、多くの場合、作付けを繰り返すごとに野菜の出来が悪くなります。これが連作障害です。

連作障害の強さは野菜によって異なります。とくに連作を嫌うのはナス、ピーマン、シシトウ、ジャガイモなどのナス科と、エンドウ、空豆、枝豆（大豆）などのマメ科。同じ区画で作るのは、できれば3～4年おきにしましょう。

キュウリやスイカなどのウリ科、キャベツやコカブなどのアブラナ科も、連作を好みません。同じ区画での作付けは1～2年おきにしたほうが作りやすいといえます。そのほか連作を避けたいのは、ゴボウ、オクラ、生姜などです。

連作障害を防ぐには、畑をエリアに区切って、作付ける野菜を年ごとにローテーションさせます。果菜類→根菜類→葉菜類→イネ科→マメ科など、順繰りに作るのです。面積の限られた市民農園では、畝をずらすだけでも

連作障害を避けるため、区画の中をゾーンに分けて、作付ける場所を順々に移動する。

効果があるでしょう。

　ナスやピーマン、ジャガイモなどナス科の野菜は、市民農園の人気者。すべてをナス科で埋めている区画もよくあります。でも、何年も続けると連作障害でうまく育ちません。この場合は思い切って1年間ナス科を休み、トウモロコシやオクラ、ズッキーニなどナス科以外の野菜を中心に作るのもよいでしょう。

　トウモロコシなどイネ科の作物には、連作障害の原因のひとつとなる線虫を減らす効果があるといわれています。また、どうしても連作が避けられない場合は、堆肥を多めに施すと、障害が多少緩和されます。

⑤　適期の種播き

　虫害を避けるには、種播きの時期を選ぶのもひとつの方法です。たとえばトウモロコシを食害するアワノメイガは、夏が深まるほど増えます。種播きは4月なかばから5月初旬、芽が遅霜の影響を受けない範囲で早めが有利です。この時期に播けば、虫の少ない7月のうちに収穫できます。

　秋播きの白菜や大根は、ヨトウムシやシンクイムシ（ハイマダラノメイガなどの幼虫）の食害を受けます。気温の高い時期ほど被害が大きいため、早播きしないのがコツです。

　ただし、遅すぎると冬までに生育が間に合いません。これらの種播き適期は数日～1週間ともいわれるほど。場所や品種によっても異なるので、まわりのベテランに尋ねたり、時期をずらして試すなど、情報収集と研究の成果を生かしてください。

⑥　品種を選ぶ

　野菜は品種によって、姿、作りやすさ、収量、味などに差があります。プロが作る品種は姿が均一にそろい、輸送中に傷つきにくいことを優先するなど、作りやすさや味のよさを求めたい菜園家のニーズとは異なる場合も多いといえます。品種についても、お互いに情報交換して研究するとよいでしょう。

　スペースに余裕があれば、数品種を作り比べてみるのも市民農園の楽しみです。一つの品種が病気にかかっても、別の品種は生き残るケースもあります。

たとえば大根。姿や食味、作柄の異なるさまざまな品種がある。食べ比べは菜園家の楽しみのひとつ。

⑦　多品目を作る

　病気や虫からのリスクを分散するには、育てる野菜の種類は多いほうがよいです。雨の多い年なら、湿気を嫌うトマトは失敗しても、水を好むキュウリはたくさん採れるかもしれません。「一部のダメ」には目をつぶり、菜園全体として、そこそこ収穫できればよしとするわけです。

　病原菌や虫は、それぞれ好む野菜が異なります。異なる環境があるほど、市民農園の生

き物の種類も増えて、生態系は豊かになるでしょう。その結果、特定の病原菌や害虫が大発生するリスクも減らせます。

⑧ 防虫ネットを使う

虫の食害を確実に防ぐには、防虫ネットをトンネル状にかけるのが効果的です。とくに秋採りのキャベツやブロッコリーは、定植直後に虫に喰われて失敗する場合がよくあります。コツは、早播きを避けるとともに、苗づくりのときからネットで虫を避けること。種播きや定植と同時に防虫ネットをかけ、少しの隙間もないように裾を土に埋めます。

秋の初めに播く小松菜やコカブなどにも防虫ネットが使われますが、キャベツ類や白菜、大根なども含めて、10月になればネットなしでも虫による大きな被害はなくなります。春から夏に多いアブラムシを避けるには、畝を覆うマルチフィルムを銀色にすると、一定の効果があります。

定植直後のキュウリやカボチャ、ズッキーニをウリハムシの食害から守るのは、あんどんです。苗の四方に棒を立てて、底を抜いたビニール袋を使って苗のまわりを覆います。頭上は空いたままですが、虫は付きません。あんどんを越える大きさにまで苗が育ったら、はずしてください。虫に負ける心配はもうありません。

⑨ トマトには雨よけ

湿気を嫌うトマトには、ポリフィルムを使った雨よけが有効です。ホームセンターや種苗店には、フレームとセットになったものが売られています。多少値は張りますが、フィルムさえ更新すれば、フレームは毎年使えますから、おすすめです。雨よけすれば、病気でダメになる率はグンと減るうえ、収穫する実の甘味も増し、降雨後に土中の水分が急に増えるために起きる裂果も減らせます。

難点は強い風に弱いこと。しっかりつくっても、台風がくれば屋根を飛ばされるばかりか、フレームを折られたりします。台風の予報を聞いたら、屋根のポリフィルムをフレームからはずしてください。

防虫ネットはとくに虫の多い時期に使う。ただし、ネット内に虫が入ると、天敵がいないため逆効果になる。中で虫が増えたらネットははずす。基本はあくまで、土づくりして生態系のバランスを保つこと。

キュウリネット用のU字パイプを代用してポリフィルムの屋根をかけた例。風で飛ばされないようにフィルムをパッカーで固定し、ハウス用のビニールバンドを使ってしっかりと押さえる

⑩　混植の知恵

　病虫害を防ぐには、相性の悪い野菜を遠ざけて作る、生育を助ける野菜を隣に植える、などの知恵もあります。

　たとえばジャガイモ。気温が上がって葉が枯れ始めるとアブラムシが集まるので、隣でトマトを作るのは避けるようにします。トマトがそばにあるときは、ジャガイモの葉が枯れ始めたら早めに収穫して片付けるのがコツです。

　反対にトマトやナスの害虫避けになるのは、匂いの強いバジルやニラ。株間に植え付け一緒に育てて、もちろん葉は収穫します。

　このほかよく知られる混植が、キュウリやカボチャなどのウリ科野菜の根元に植えるネギです。定植のとき同じ植え穴にネギを差し込み、根をからませて育てると、ツル割れ病の予防に効果があるといわれています。

パスタやサラダに使われるバジル。匂いが強く、ナス科の株間に植えると害虫避けになる。

⑪　病気の株は取り除く

　野菜をこまめに観察し、病気になった株は抜き取り、畑の外に持ち出して処分しましょう。畑に放置したり、土に埋めたりすると、他の株に病気が移ることがあるからです。

　たとえばトマトの場合、梅雨時にトマトの葉が茶色になり始めたら、様子の変化をよく観察します。広がらないようであれば、茶色い葉を取り除き、あとはそのままでかまいません。梅雨が明ければ復活します。ただし、茎まで茶色くなった株は早めに抜き取ってください。病気の葉や株に触れた手やハサミで、他の株に触れないようにしましょう。

⑫　天敵を味方に

　農薬を使わない菜園に立って観察してみると、テントウムシやクモ、カエルなど虫を捕食する生き物がたくさん見つかります。彼らが人知れずせっせと働いて、害虫の多くを駆除しているのです。

　害虫のまったくいない畑には、天敵も育ちません。害虫がいても、野菜への被害が大きくならなければ問題はなく、むしろ天敵とのバランスがとれたよい状態ともいえます。

　農薬を使わない場合は、いくつもの工夫を積み重ねて、畑の生態系のバランスをほどよく保つことが大切です。

農薬を使わない市民農園にはカエルがいっぱい。虫をどんどん食べる働き者。

市民農園訪問 2
駅から徒歩1分の都市型貸菜園

アグリス成城

　新宿から急行で15分、小田急線成城学園前駅の目の前。地盤は線路の頭上を覆うコンクリートで、その上に深さ40cmの屋上緑化用土を敷いてつくられた。区画面積は3〜8㎡。スコップや支柱、長靴まで道具や資材はすべて用意され、手ぶらで楽しめる都市型農園だ。支配人の森口智康さんは言う。

　「初めてでも安心して野菜作りを楽しんでいただくために何が必要なのか、常に考えています。講習会のほか、収穫祭などのイベントも多いですよ。忙しいなかを週に一度は足を運んでもらえるようにスタッフが工夫するのは、スポーツクラブと同じでしょう。こちらは農園ですから、リフレッシュできるだけでなく、収穫した野菜のお土産付きです」

　利用料は1カ月7200〜1万4500円。道具や資材、肥料の利用料が含まれる。有料の作業代行もある。

〒157-0066　東京都世田谷区成城5-1-1
TEL：03-3482-0831
http://www.agris-seijo.jp

苗や種、花などを販売する店舗が併設されている。必要なものがすべて1カ所でそろう。

マンションや住宅が並ぶ街中の市民農園。思い立ったらすぐ行ける便利さが魅力。

作業後は落ち着いたラウンジでくつろげる。ロッカールームやシャワールームも完備。

森口智康さん。「6年目を迎えた菜園では、ビギナーからベテランまで、受ける質問もさまざま。的確にお答えできるように、スタッフは日々勉強です」

6 雑草を取るにも工夫とコツがある

市民農園に欠かせない作業といえば草取りです。とくに夏場は、こまめに通って手入れをするのが基本。早めの作業が楽に除草するコツです。マルチなど草を抑える工夫もあります。

　初めての市民農園で失敗する原因のトップは、雑草に負けることでしょう。ゴールデンウィークに苗を植えたところで安心してしまい、畑から足が遠のき、2カ月後に行ってみたら草ぼうぼう。野菜は草の陰に隠れて小さくなっていたというパターンです。

　自分の野菜だけでなく、風通しや日当たりが悪くなるなど近隣区画の野菜にも悪影響を及ぼすことになるので、注意しなければなりません。これを避けるには二つの方法があります。

2週間に一度は土を削る

　除草というと、大きくなった雑草を刈るイメージがあるかもしれませんが、それは誤りです。草取りは草の小さいうちほど楽。早め早めの作業がいちばんのコツです。「上農は草を見ずして草を取る」と言われます。つまり、草の芽が地上に出るか出ないかのタイミングで、土の表面を鍬や三角ホーなどで削り、草を根っこから切るのです。

　畑に来たらまず土を削り、作物に土寄せすれば、草のないきれいな畑が保てます。目安は、気温の上がりきらない5月なら2週間に一度、梅雨後半の高温多湿期には毎週。畝間を耕す管理機を使って除草する場合も、草がごく小さいうちにしなければなりません。

　鍬や三角ホーで根が削れないほど草が大きくなってしまったら、管理機も役に立ちません。畑にしゃがみ、鎌の刃を土に差し込むようにして土を削りながら、草の根を切って除草します。鍬で作業しにくい株のまわりも、同じように鎌を使って草取りしますが、株まで切らないように注意してください。

　草が大きくなって種をつけると、土中の栄養分をより多く吸収して、まわりの野菜の生育を妨げます。また、種が落ちれば翌年以降の草も増えます。除草は早めが大切だとわかっていても、つい遅れてしまいがち。それでも、草が種をつける前にできるだけ終わらせるのが理想です。

　夏草は夏至を過ぎると一気に種をつけますから、夏至の直前には必ず除草しましょう。その後は、小さい草も油断せずに除いてください。見逃すと、翌週には種をつけています。

三角ホーで除草をかねて土寄せ。1～2週間に一度、草が出る前に作業するのがもっとも楽な除草方法。

取った草をそのまま畑の土の上に置くと、再び根付くことがあるので、集めて畑の外に持ち出してください。その例外は真夏。朝除草してそのまま畝間に置けば、日中の強い日差しで枯れてくれるのです。

マルチで除草の手間を省く

草に負けるのを防ぐ二つめの方法は、畑の表面を覆うマルチの利用です。

抑草目的には一般に黒いマルチフィルムを使います。このマルチで覆えば、株元の穴の部分だけ除草すればすむため、除草の手間は大幅に減ります。まめな畑通いがむずかしい人に便利で、とくに収穫期間の長い夏野菜にはおすすめです。畑に元肥を施した後、種播きや植え付けの前に張っておきましょう。

まず、マルチフィルムの幅より少し狭い畝をつくってください。畝の形は葉菜類や根菜類ならベッド状、イモ類やトマトはかまぼこ状に。畝の四方には、マルチの端を埋め込む浅い溝を切ります。

次に、片方の溝にマルチフィルムの端を入れ、土をかぶせて押さえます。その後、マルチを反対側まで展開し、少し端を余らせてカット。余らせた端を溝に埋めます。さらに、畝の長辺にあたるマルチの両サイドを溝に入れ、足で押さえてピンと張りながら土をかけます。これで強い風にも安心です。

種播きや植え付けのときには、マルチフィルムに丸い穴を開けます。あらかじめ穴の空いたマルチもありますが、穴の間隔は作物によって異なります。穴のないマルチを用意して、空き缶を半分に切ったものなどで自分で穴を開けてもよいでしょう。

地温を上げるために用いられる透明のマルチフィルムもありますが、こちらはマルチの下に草が生えます。逆に地温が上がりにくいのは銀色のマルチ。さらに、抑草とともにアブラムシを避ける効果も期待できるので、トマトや空豆などとくにアブラムシを防ぎたい作物向きです。

マルチフィルムの欠点は、薄いため1回ごと使い捨てになること。稲ワラや小麦ワラなど自然素材が手に入れば、それに勝るものはありません。また、ススキなどイネ科の雑草も、種をつける前に刈り取れば使いやすいマルチになります。土中の水分量や地温の変化を穏やかにし、雨による泥はねも軽減してくれるでしょう。スイカやカボチャのツルがつかむのにも都合よく、農家はマルチフィルムの上に敷きワラを使います。

ワラ類をマルチにするときは、最初から敷き詰めずに、一度目の除草をした直後に敷くのがコツ。透き間から草が生えやすいからです。抑草をおもな目的にするのなら、少し厚めに敷いてください。

夏の果菜類にマルチフィルムを利用した例。株近くの土の露出した部分には草が出るため、同時にワラも用いている。

7 市民農園で上手に野菜を作る工夫

面積が少ない、週末しか通えないなどの制約も、慣れてくれば、上手に工夫してクリアできるもの。いくつかの知恵を紹介しましょう。

苗を育てて植え付ける

スペースが限られた市民農園では、種を畑に直播きするよりも、苗を作って植えるのがおすすめです。畑のスタート時期を遅くできるため、前作を長く置けますし、虫などの被害を受けやすい生育初期の苗を家でこまめに管理できます。畑の除草回数も少なくてすみ、よく育った苗を植え付ければ、その後の欠株も減らせます。一見手間がかかるように思えますが、育苗は省力技術の一つでもあるのです。

苗の定植が一般的なのは、トマト、ナス、キュウリ、キャベツ、ブロッコリー、レタス、白菜、ネギ、玉ねぎ。そのほか、夏野菜ならインゲンやトウモロコシ、オクラ、ツルムラサキ、モロヘイヤなど、秋～冬にはタアサイや京菜など大株に育つ葉菜類、空豆、エンドウなども育苗できます。

使用するのは、葉菜類は1列8～10穴の連結ポット、ほかは2～3号の小さめのポット。畑の土ではなく、育苗用の培土を入れて、種播きしてください。播種後は培土で薄く覆土して鎮圧、水やりを。その後は、土の表面が乾いたら、季節や置き場所にもよりますが、1日1回ほど水を与えて育てます。

育苗のコツは、遅れずに定植することです。ポット全体に根がまわり、根のまわりの土が崩れなくなったタイミングで植えられるように、畑を準備しておきます。植え遅れてポットの中で根が巻いてしまうと、定植後の生育がガクッと悪くなるので注意してください。

ナス、ピーマン、キュウリ、カボチャの苗は、植え遅れるとポット内の肥料が切れて、双葉から枯れていきます。双葉が元気な苗を選びましょう。すぐに植え付けできない場合は、二回りほど大きなポットに培土を足して植え替えてください。こうすれば、元気さを保ったまま、もう少し長く置けます。

春播きの葉菜類は、室内の窓際などで育苗すれば3月初旬には植え付けできるでしょう。果菜類は発芽適温が高いので、5月上旬に苗を仕上げるのはむずかしいと思います。好みの品種を自分で育苗するには、多少の経験が必要です。

カボチャはネットで育てる

ツルが伸びて畑を覆うカボチャは、市民農園では作りにくい野菜です。でも、支柱を立て、ネットを張って這わせれば、面積を節約して栽培できます。除草も楽ですし、実がぶら下がり、土につかないので、傷みません。

支柱の立て方や間隔などの作り方は、キュウリと同じです。ツルが伸び始めたら、最初

ネットで育てるカボチャ。日当たりを遮らないように、作る位置を考える必要がある。

はネットに均一に絡むように誘因してヒモなどで留めてください。あとは自然に絡みながら生長していきます。キュウリもカボチャも風でゆすられるのを嫌うので、支柱はしっかり立てるのがポイントです。

毎日畑に出られない場合オクラは樹勢を弱めに育てよう。

ただし、高さ約2mの大株に育つので、1カ所1～2本立ちで、株間は50～60cm必要です。

週に一度の収穫のコツ

　果菜類は、最盛期には次々と実を付けます。とくに、キュウリは一日で実が大きくなり、プロは朝晩収穫するほど。週末しか畑に出られない人は、巨大キュウリを山のように採って困惑した経験をもっているはずです。

　次回畑に来るのが1週間後とわかっているのなら、なっているキュウリは小さいものも含めてすべて採りましょう。10cmほどのキュウリは柔らかく、ピクルスなどに漬けるのに適しています。種が気になるほど大きく育ったキュウリは、炒め物に使うと意外と美味しく食べられます。

　採り遅れると硬くなるのはオクラです。1カ所3～4本立ちで育てると、株の勢いが弱まり、実の成熟を多少は遅らせることができます。また、八丈オクラという品種は実がある程度まで大きくなっても硬くなりません。

残った種は保存できる？

　市民農園の面積では、袋で購入した種はたいてい余ります。残った種を捨てるのはもったいないと思う人は多いでしょう。

　種は上手に保存すれば、翌年も使えます。乾燥した状態で、5℃前後の低温を保つのがポイントです。チャック付きのビニール袋などに納めて、できれば翌年使うまで冷蔵庫に入れたままにします。出し入れすると湿ってしまうので、注意してください。

　種は一般に大きいものほど保存がききます。種の小さい葉菜類やネギ、レタスなどは発芽率が落ちるので、2年目の種は厚播きするなどして様子を見ながら使ってください。

〈取材協力／新しい村〉

8 野菜の種播きと収穫適期を知る

野菜には作りやすい栽培適期があります。適期の幅が狭いのは、春作はキャベツ、レタス、ジャガイモなど、秋作は大豆、キャベツ、白菜、大根、空豆、エンドウなどです。

春から夏に種播きする野菜

▼＝種播き　□＝定植　●＝収穫

野菜＼月	1	2	3	4	5	6	7	8	9	10	11	12
ブロッコリー		▼	□		●●●	●						
キャベツ		▼	□		●●	●●●						
レタス		▼	□		●	●						
リーフレタス		▼▼	▼□□	□	●●●	●●						
ルッコラ			▼	▼▼▼	▼▼▼	▼▼▼	▼▼▼	▼▼				
				●	●●●	●●●	●●●	●●●	●●			
人参			▼▼▼				●●●	●●●				
ナス			▼		□		●●●	●●●	●●●	●●		
ピーマン			▼		□		●●	●●●	●●●	●●		
ジャガイモ			▼			●●						
トマト			▼		□		●●	●●				
小松菜			▼▼	▼▼▼	●●●	●●●						
大根			▼▼	▼	●●	●●						
コカブ				▼	▼▼	●●●						
ほうれん草				▼	▼▼▼	●●	●●					
サツマイモ				▼	□	□□			●●	●●		
チンゲンサイ				▼▼▼	▼●●	●●●	●					
キュウリ				▼	□	●●●	●●●	●				
					▼	□	●●●	●●●	●			
							▼	□	●●	●●		
ズッキーニ				▼	□	●●	●●					
枝豆				▼	□	●●	●					
カボチャ				▼	□		●●	●●				
ゴーヤ				▼	□		●●●	●●●	●			
トウモロコシ				▼	▼ ▼	▼	●●	●●				
里いも				▼▼				●●	●●●	●●		
春菊				▼	▼●	●●●	●●●					
インゲン				▼			●	●				
オクラ					▼	(□)	●●	●●●	●●●			
モロヘイヤ					▼	(□)	●	●●●	●●●			

夏から秋に種播きする野菜

月 / 野菜名	7	8	9	10	11	12	1	2	3	4	5	6
大豆	▼▼			●●		●						▼
インゲン		▼	●●	●●								
ブロッコリー		▼	□		●●●			●	●●			
キャベツ		▼	□			●●●	●●●	●●●	●●●			
人参		▼	▼		●●●	●●●	●●●	●●●				
リーフレタス			▼▼	▼□□	□●●	●●						
レタス			▼	□	●	●						
春菊			▼	▼●●	●●●	●●						
ほうれん草			▼	▼▼▼●●	▼▼●●●	●●●	●●●	●●●	●●●	●●●	●	
白菜			▼	□	●●	●●	●●	●●	●●			
コカブ			▼▼▼	▼	●●●	●●	●●					
タアサイ			▼▼□	□	●●	●●	●●	●●				
玉ねぎ			▼		□						●●	
チンゲンサイ			▼▼	●	●●●	●●●	●					
大根			▼		●●	●●●	●●●	●●●	●	●●●		
長ネギ			▼	▼●●●	●●●	●●●	●●●	●●●	□	□□□	□	
ニンニク			▼▼	▼							●●	●●
ルッコラ			▼	▼▼▼●●	●●	●●	●●	●●	●●			
小松菜			▼	▼▼▼●	●●●	●●●	●●●	●●●	●●			
水菜			▼	□	●	●●		●●				
ビタミン菜				▼▼▼				●●●	●●			
空豆				▼	□						●●	●
サヤエンドウ				▼							●●●	●

（注）東京周辺の比較的温暖な地域の例。▼は種播き、□は定植、●は収穫の時期を示す。適期は地域や品種によって異なるので、種の袋に表示された作柄表を参考にしたうえ、市民農園のインストラクターや種苗店、近隣農家などにも尋ねるとよい。近年は温暖化傾向が進み、春作は多少早めの作付けが可能となった反面、秋作は早播きすると虫害が出やすいため、以前よりも多少遅めのほうがうまくいく。栽培適期と品種選びは経験の蓄積がものをいう。市民農園の仲間同士で情報交換するのも成功の秘訣。

塩見直紀

第 4 章
半農半X的農力検定
― 農力とエックス力の融合でひらく未来 ―

1　半農半Xという生き方

ひとり一芸何かをつくる

　800の村を歩き、「地元学」の提唱者としても著名な民俗研究家の結城登美雄さんは、何をどうすればいいのだろうかと考えるとき、以下の言葉をバイブルのように思い返す。

　「この村は与えられた自然立地を生かし／この地に住むことに誇りを持ち／ひとり一芸何かをつくり／都会の後を追い求めず／独自の生活文化を伝統の中から創造し／集落の共同と和の精神で／生活を高めようとする村である」

　岩手県山形村（現・久慈市）荷軽部の木藤古集落（通称バッタリー村）が5戸18人（半分以上が65歳以上）になったとき、心細さゆえ言葉が必要になり、1985年に定めた村の目標（バッタリー村憲章）であるという。文字数で約100字だが、これからの村のあり方のみならず、3・11以後の日本人としての生き方、暮らし方も示しているように思う。

　この憲章には注目すべきキーワードがたくさんある。私は「半農半X」（エックス＝天職）の提唱者として、「ひとり一芸何かをつくり」という文字に、とくに注目してきた。「一芸」は、竹細工などの工芸品や炭、味噌、漬物、料理など、どんなものでもいい。これらは広い意味での「農力」といえるだろう。

「詩も田もつくれ」の時代に向けて

　「詩をつくるより、田をつくれ」

　ことわざだという。もっともだと言う人もいるし、反論する人もいるだろう。禅の公案のように、田畑でこのことを考えていたら、以下の3つのことばが浮かんできた。

　①「田をつくるより、詩をつくれ」

　これは「太った豚になるより、痩せたソクラテスになれ」と同意か。

　②「詩も田もつくるな」

　これは、創作は詩人に、米作りは農家に、それぞれプロに任せろということ。日本は政治も教育も人生も健康も、すべ

1秒でも早く目的地へと直線化する現代において、こうした曲り道は美しいとさえ思う。

て他者任せの国になってしまったのかもしれない。

③「詩も田もつくれ」

魂が求めるなら、この国を憂うるなら、両方すればいい、というメッセージだ。

②の「詩も田もつくるな」は、危険な状態ではないだろうか。しかし、いま多くの日本人はこれに該当する。一方で、21世紀は「詩の時代」ともいわれる。同時に、食の危機の時代でもある。

③の「詩も田もつくれ」が、この国が歩むべき道ではないか。田は稲作のみを指すのではない。「一芸」のように、野菜、椎茸、味噌や漬物などの発酵食……、広く農的なことを指す。詩はアイデアや知恵、創造性ととらえよう。謙虚に大地に根ざしつつ小さく暮らし、創造性を周囲のために発揮する。そして、陰日向なく積善で生きる。これこそ、3・11以後の日本が歩むべき道だろう。

晴耕雨読と半農半漁

京都の農村部で暮らしながら夫婦で連弾をされるピアニスト・ザイラー夫妻の本『ザイラー夫妻の晴耕雨奏——田んぼの中から世界を見て』(立風書房)が世に出たのは、1992年のこと。当時、私は27歳。「晴耕雨読」を自分流に変え、「晴耕雨奏」とする発想に驚いた。

京都ゆかりの人物で晴耕雨読を変えた方がもうひとりいる。KJ法で有名な文化人類学者の故・川喜田二郎さんは、「晴耕雨創」ということばを1995年に出された『野生の復興——デカルト的合理主義から全人的創造へ』(祥伝社、1995年)に遺されている。

お二人は晴耕雨読の系統だが、私は半農半漁の系統といえる。屋久島在住の作家・翻訳家の星川淳さんは、伝統的な日本の暮らしともいえる「半農半漁」から、自身の生き方を「半農半著」と表現された。それを知った私が、「21世紀の生き方はこれだ」と確信し、自分は何ができるだろうと問うなかで生まれたのが「半農半X」という考え方だ。

半農半Xとは何か。持続可能な農ある小さな暮らしをベースに、天与の才(X＝得意なことや大好きなこと、天職、生きがいなど)を世に活かす生き方と定義している。これは、最近の発想ではない。『夜明け前』で有名な小説家・島崎藤村は1926(大正15)年発表の小説『嵐』で、「半農半画家でいいじゃないか」という台詞を使っていることを最近になって知った。

あらためて半農半Xとは何か

ここでは、半農半Xの観点から農力アップについて記していくが、半農半Xということばを本書で初めて知った人もいるだろう。あらためて半農半Xとは何か、背景にもふれつつ記しておきたい。

京都府綾部市(人口約3万6000人)の静かな里に、私は1965年に生まれた。綾部はグンゼ(創業時の社名「郡是製糸」)、出口王仁三郎で有名な大本教、そして合気道の発祥の地。1950年に日本で初めて世界連邦宣言をした都市としても知られる。

父は小学校の教員、祖父は養蚕の指導者を

私が村で一番好きな風景「お地蔵さまと一本檜」。
綾部は旧丹波国の里山の地。

していた。村では茶業も盛んで、小学校低学年のころまで、我が家は稲作以外に茶も栽培する兼業農家だった。私は地方の大学を卒業後、環境問題に熱心な会社に入社したことが、人生の転機となっていく。

いま振り返ると、20代のなかば（1990年代前半）に出合った2つの難問の存在があった。

ひとつは環境問題だ。まるで自分たちが最後の世代のように資源を浪費し、ごみを廃棄し、負の遺産を残し続けるような暮らしをする自分たち現在世代の行いに強いショックを受けた。そして、環境について学んでいくうち、農の問題にぶち当たる。

当時から食料自給率は低く、高齢化はすでに問題視されていた。実際に自分で農作業し、大変さを体験してみないと、何も変わらないのではないか。誰も説得できないし、批判できないのではないか。そんな思いが沸いてきた。

もうひとつの難問は、いかに生きるかという問題（私は「天職問題」と呼ぶ）だった。この世に生まれた意味や役割、天職は何だろうか。個性的な会社に入社し、芸術系の才能あふれる同期や先輩と出会うなかで、自分とは何か、自分の存在意義は何かを考えるようになった。

そして1994年ごろ、星川さんの著書で、「半農半著」というキーワードに出合った。星川さんには翻訳・執筆という才があり、執筆で社会にメッセージできる。自分には何があるだろうと問いかけるが、何もない自分に気づく。

もしかしたら、みんな、自分の「it（未知なる何か）」を探しているのかもしれないと気づいたある日、「半農半著」の「著」の部分にアルファベットの「X」の文字を入れてみると、ひとつの公式が浮かんできた。「半農半X」ということばの誕生は、私の人生を変えることになる。ことばによって私は救われ、自身の進むべき方向が見えた。自分探しに終わりを告げ、実践へと移ることができた。

私は環境問題と天職問題を「21世紀の2大問題」と呼んでいる。

農（農業）だけでは、天職だけでは、ダメなのか。なぜ2つが必要なのか。

複雑な難問群を解決していくには、謙虚にベーシックなところを押さえながら、創造性と独自性をもっていかなければならない。人生のテーマに挑みつつ、暮らしとしての小さな農も行う。そして、大地で得たインスピレーションがまたミッション、天職に活かされていき、たとえ小さくとも社会の問題解決への一歩となっていく。

　半農半Xというコンセプトが誕生して15年強。そして、このライフスタイルを実践して12年近く。「(迷える私たち日本人が)歩むべき道はどこにあるのか」と問われれば、私は「半農半Xという道がある」と自信をもって答えるだろう。それは3・11以後も変わらない。

　半農半Xのコンセプトの普遍性。それを支える根源的な理由が2つある。ひとつは、「人は何かを食べないと生きられない」こと。もうひとつは、「人には何か生きる意味がいる」ということだろう。

台湾や中国への広がり

　若い台湾女性が日本で拙著と出合い、母国に伝えたいと台湾の出版社に推薦してくれたことがきっかけとなり、2006年の秋、台湾で中国語版が出版された。『半農半X的生活』(天下遠見出版社)という題だ。ありがたいもので、もうすぐ10刷となる。本がきっかけとなり、この3年で台湾に4回招かれ、各地で講演させていただいた。

　なぜ、半農半Xが台湾で広がるのか。モンスーンが吹く東アジアでは小農が一般的で、どう生きるか(X)を考える風土や晴耕雨読の考え方がベースにあるからと考えている。東洋哲学の本にある「天命」ということばに、なじみがある方もあるだろう。

　台湾版半農半Xには、台湾の編集者によって、「順従自然、実践天賦」という副題が添えられた。自然と寄り添って生き、天与の才を私物化せず、世に活かす。簡単なことばで大事なことがメッセージされている。

　半農半Xのコンセプトはさらに海を超え、中国大陸にも伝わっていく。成都(四川省)のタウン誌が半農半Xを20ページの特集にしてくれたのだ。中国の編集者から、英語でこんなメールが届いた。

　「いま中国人も半農半Xを求めています」

　2011年の夏には、半農半Xを知りたいという香港からの旅人が綾部を訪れた。台湾版の本が読まれているそうだ。英訳もされ、英語圏に広がる可能性も見せている。

中国語版『半農半Xという生き方』は、2006年に台湾で出版された

2　日本的農力

では、半農半Xを提唱する私にとっての農力とはどんなものだろうか。以下にいくつか例をあげよう。それは「日本的農力」とでも呼べるものかもしれない。

食材を得る農力

私は小学校高学年のころ、ゴールデンウィークになると子ども会の仲間と神社の境内などに行き、野生のフキを採ったものだ。それをきれいに束ね、地域の店で買ってもらい、夏休みの花火代にするという伝統があった。根こそぎ採らなければ、毎年出てきてくれるフキを摘めば、たくさんの子どもが遊べる花火を買えるお金になる。それを身体で学んできた。

最近聞いた先輩世代のある方は、神社の境内に大鍋を持ち込み、フキの佃煮を作って販売したという。上には上がいるものだ。

いま振り返れば、子どもたちのフキ採りは地域ビジネスといえる。鍬を持ち、種を播く力のみが農力ではない。日本には食材となるものが1万2000種もあり、欧米の3〜4倍だという。綾部にはカリスマ野草料理研究家の若杉友子さんが静岡から移住し、若い世代に野草料理をすすめている。料理教室はいつも満員だ。ここにも農力を求める人たちがいる。

余った苗からお米を作る農力

二宮尊徳は1803(享和3)年、17歳の初夏、田植えの後で捨てられる植え残りの苗(捨苗)に着目。自分の土地だった荒地に植え、1俵の籾を収穫したという。それらをもとに、翌年にはなんと5俵の米が得られた。

余った苗と荒地。それを掛け算すると、お米が収穫できる。それを元手に種籾にし、翌年植えると、さらに利息が増えていく。自然とはそういうものだ。尊徳の10代の行いも、私は農力と呼びたい。

自然を読む農力、工夫する農力

宮澤賢治は津波や洪水、地震とさまざまな災害に見舞われた1896(明治29)年、岩手県花巻に生まれた。作家・畑山博さんの『イーハトーヴの夢』には賢治のこんな話が載っている。

自然災害のために農作物が穫れず、農民たちが大変な苦しみを味わっているのを見た賢治は、「なんとかして農作物の被害を少なくし、人びとが安心して田畑を耕せるようにできないものか」と必死で考えた。

そして、「そのために一生を捧げたい。それにはまず、最新の農業技術を学ぶことだ」と思い、盛岡高等農林学校に入学。25歳のときに、花巻にできたばかりの農学校の先生になる。「稲の心がわかる人間になれ」が生徒たちへの口ぐせだったという。また、こんな言葉を覚えている教え子もいるそうだ。

「農学校の『農』という字を、じっと見つめてみてください。『農』の字の上半分の『曲』は、大工さんの使う曲尺のことです。下半分の『辰』は、時という意味です。年と

か季節という意味もあります」

畑山さんは書く。

「曲尺というのは、直角に曲がったものさしのこと。それを使うと、一度に二つの方向の寸法が測れる。賢治の言葉は、『その年の気候の特徴を、いろいろな角度から見て、しっかりつかむことが大切です』という意味になる」

農力とは自然を読む力でもある。これからとりわけ大事になる力のように思う。

稲架の風景。3反の田んぼの3分の2は"市民農園の田んぼ版"を行っている

賢治は春、生徒たちと田植えをしたとき、田んぼの真ん中に、ひまわりの種を一粒播いたことがあったという。夏、緑の田んぼの中にひまわりがきれいな黄色の花を咲かせた。昔の教え子たちは「詩に書かれた田んぼのように、田んぼが輝いて見えました」と思い出を語った。

畑山さんはまた、こう書いている。

「苦しい農作業の中に、楽しさを見つける。工夫することに、喜びを見つける。そして、未来に希望を持つ。それが、先生としての賢治の理想だった」(『国語6年 下 希望』光村図書)。

農力とは芸術力でもあり、工夫する力でもあり、感謝する力、恵みを感じる力ともいえる。

見えないものへ配慮する農力

田んぼや畑仕事を自分もするようになり、気づくようになったことがある。それは、畔でタバコを吸っても、田んぼの中にタバコをくわえて入る人はいないということだ。テニスプレーヤーや野球選手などのプロも少年野球の子どもたちも、コートやグラウンドに入るときと出るとき、脱帽し、礼をする。それと同じことだろう。

見えないものへ配慮する。これも農力ではないか。宮崎アニメ『となりのトトロ』で、サツキとメイがおとうさんと一緒に大きな楠に礼をするのと同じだ。あのシーンは欧米ではわからないと聞いたことがある。

わが家は刈った稲を天日干しする。その稲架をたてる際、父が「ここは風の通り道だから、風の流れに沿うように立てる」と教えてくれた。見えない風の通り道。それを知ることも農力だ。稲架に使う竹を切る時期には適した旬、「切り旬」がある。これもまた農力だと思う。

3 センス・オブ・ワンダーという農力

一生モノのセンス

　私たちのまわりには地球温暖化問題など「20世紀が残した難問」「たくさんの不安」が山積している。いまという時代ほど、多くの人が生き方、暮らし方を模索しているときはないだろう。3・11で新たな負の遺産も加わった。これ以上ないくらいの最大級の難問を後世に遺してしまった私たち。加害者でもある私たちは、何を取り戻していったらいいのだろうか。私はやはり「センス・オブ・ワンダー」が肝心要だと思っている。

　『沈黙の春』で世に警鐘をならしたレイチェル・カーソンは、こんなメッセージを残した。

　「生まれつき備わっている子どものセンス・オブ・ワンダー（sense of wonder：自然の神秘さや不思議さに目を見張る感性）をいつも新鮮に保ち続けるためには、私たちが住んでいる世界の喜び、感激、神秘などを子どもと一緒に再発見し、感動を分かち合ってくれるおとなが、少なくともひとりそばにいる必要があります」

　いま、その言葉の重みを考える。カーソンの祈り。私はセンス・オブ・ワンダーを「一生モノのセンス」と呼んでいる。たったひとつ、これさえ生涯失わず、保ち続けられれば、恵みや謙虚な心をもって幸せに生きていけるのだと。

　私は講演で、「21世紀の2つのセンス」について話すことがある。ひとつはセンス・オブ・ワンダー。もうひとつは社会の問題を仕事にできるセンス。どちらかを選べと言われたら、センス・オブ・ワンダーだろう。

　センス・オブ・ワンダーは農力に必要なだけではない。エックス、天職にとっても重要だ。暮らしに農があることによって、センス・オブ・ワンダーは育まれている。このチカラが育まれることによって、地域資源もさらに見えてくるし、他者への配慮、他者のエックスも見えてくるように思う。

すべてが宝物であり作品

　大阪の松原市には、「半径3km」での宝物探しを行い、発信してきた人がいる。夕陽のきれいなスポット。野菜を作るのが大好きなおばあさん。尺八が得意なおじいさん。古い柚子の木がある庭。自転車を愛する人が開くサイクルショップ。交流サロン的な床屋……。

　ゆっくり歩いていける範囲である半径3km以内での地域資源探し、宝物探し。派手さはないが、とても有効な内発的発展の手段である。地域資源の発見には、また21世紀の真の価値を創造するためには、この感性が欠かせない。

　4kmの砂浜を美術館に見たて、Tシャツアート展や漂流物展の開催など、ユニークな取り組みをしている高知県黒潮町の「砂浜美術館」。だが、町中をいくら探しても美術館の建物は見当たらない。

　「私たちの町には美術館がありません。美しい砂浜が美術館です」

これが砂浜美術館のコンセプトだ。そこでは、いろいろなものが作品になる。美しい松原、沖に見えるクジラ、卵を産みにくるウミガメ、砂浜を裸足で走る子どもたち、流れ着く漂流物、波と風がデザインする模様、砂浜に残った小鳥の足跡。
　「砂浜から見えるものすべてが作品になっていく。作品でないものは、ない。一瞬一瞬も作品。それは永遠と続いていく」（パンフレットより）。
　数年前の夕陽が沈む時刻、私も家族と砂浜を歩いてみた。砂浜を歩く我が家も、ひとつの作品になったのかもしれない。
　砂浜美術館のパンフレットにはさらに、小さな小さな文字でこう記してあった。
　「時代を少し動かせるのは、一人一人の小さな感性の集まり」

土のある暮らし

　10年以上かけ、1万種類の土をコレクションしている造形作家・栗田宏一さんは「土は美しい。それを伝えたい」という。全国の土を集め、乾かし、ふるいにかけてきた。すると、さまざまな土の色が姿を表す。土色という色は本当はないそうで、ピンクやオレンジ色、ブルーや灰色があったりする。そうい

踊る大根。一見、何もないように見える村でも、感性しだいですべてが宝物に見える

えば、私が住む村の近くにもびっくりするくらい赤い土がある。
　新潟で3年に1度開催されるアートトリエンナーレ「大地の芸術祭」で、栗田さんの作品に初めて触れた。新潟全域で採取した750種類の土が古民家に展示され、魅了された。作品のコンセプトは「土そのものの美しさを見てもらう。それぞれの土は私たちのあり方を見つめ直すものとなる」。
　栗田さんの仕事に鼓舞されて以来、私は旅先でも、また故郷を歩いていても、土の色が気になる。娘が小学生のころの夏休み、自由研究で綾部市内の土の色コレクションを行った。やってみると簡単に20色の土が集まり、私も娘も驚いた。土のある暮らしと文化を紐解く。そのためにはセンス・オブ・ワンダーが必要だと思う。

4　農山村で暮らす心がまえ

　半農半Xを行う場所はどこか。必ずしも田舎である必要はない。

　東京が故郷なら、そのまちを愛するなら、都会で半農半Xを実践するのもいいと思う。ベランダでも屋上菜園でも、家庭菜園でも市民農園でもいい。近隣への援農やワーキングホリデーでもいい。少しでも土や植物に触れる時間をもつことが大事だ。

　半農とは、時間のことでも面積のことでもない。1日4時間でなくてもいい。2反ないといけないということでもない。

　それを前提にしたうえで、ここでは農力アップの舞台としての農山村について書いていきたい。

求めすぎない

　「求める」が「100」とすると、「与える」は「1」なのが現代だという。私たちは国や勤め先など周囲に対して、求めてばかりだ。これからは与えるということが大事になるだろう。再び田舎で暮らすようになって思うのは、村人にはなぜこれほど与える精神があるのだろうということ。

　故郷にUターンし、NPO法人里山ねっと・あやべや講演の先々で、田舎暮らしなど多くの相談にのってきた。そこで都会の人からときどき感じられたのは、20世紀的な都会の論理だった。残念ながら、これはなかなかぬぐえるものではないだろう。それがなんなのか、うまく表現できないけれど、もしかしたら「与える」人と「求める」人の違いなのかもしれない。

「我以外皆我師」的世界観で暮らす

　大学進学と企業時代の合計約15年、故郷を離れていた。Uターンした年に、母校の小学校が閉校となる。その跡地を活用し、都市農村交流や移住支援を行うNPO法人里山ねっと・あやべの活動に参画した。ここで里地ネットワークの竹田純一さんの講演会を開いたとき、竹田さんはこう言った。

　「とくに昭和ヒトケタ以上の人の話をいまから聞いておくように」

　第2次世界大戦のころに小学校高学年くらいの人は、それ以前の記憶（明治の祖父母の知恵など）を継承している場合が多い。戦後生まれとなると、生活の知恵はだんだん少なくなる。それ以降、年配の方を見ると、いろいろ聞くようになった。私の人間観もここで大きく変わったように思う。とりわけ、先人や長老に対して。

　そして、「我以外皆我師」ということばも思い出された。これは作家・吉川英治さんのことばで、座右の銘といわれている。ほんとうにそうだと思う。こうした視点で生きられたら、すてきな世界になるだろう。松下幸之助さんがさらにそれを深めたことばを遺されているので、紹介しよう。

　「学ぶ心さえあれば、万物すべてこれ我が師である。語らぬ石、流れる雲、つまりはこの広い宇宙、この人間の歴史、どんなに小さなことにでも、どんなに古いことにでも、宇

宙の摂理、自然の理法がひそかに脈づいているのである。そしてまた、人間の尊い知恵と体験がにじんでいるのである。これらのすべてに学びたい」

半農半Ｘ的な人づきあい

私はすべての人にエックスがあると思っている（人だけでなく万象にも）。都市であっても田舎であっても、それぞれの地でそんな人間観をもって接してほしい。

これから農山村で暮らすという人にアドバイス。九州のある不動産屋さんが、１軒だけ孤立するような住み方は推奨されず、「集落の中に住め」とアドバイスしていると聞き、なるほどと思った経験がある。

周囲の家とできるだけ離れたところに住みたいという気持ちはわかるし、同じ趣向の人同士で住むのも楽しいかもしれない。でも、それでは閉鎖的になる傾向もある。21世紀の最先端は、集落の中に村の一員として住まい、周囲の人のエックスを活かし、仲良く暮らす生き方だと思う。

信号もない静かな綾部の里山に住むようになって感じたのが、村の人は「働き者」が好きだということだ。数年前、定年退職された方が村にＵターンした。聞くところによると、子どものころから働き者だそうだ。その人のおかげで村が美しくなっていく。

働き者が評価されるのは、この村だけではないだろう。畑に出ている姿や草を刈る姿、家の周囲を掃除している姿や美しくなった風景を見ていただくのは大事だ。

では、村の人とどういうふうに仲良くなっていくか。私は昔のことわざや農法、歴史などを聞くといいと思っている。たとえば綾部では、「柿の葉っぱが広がりかけたら、ゴマの種を播く」などの言い伝えがある。その地に植えられていた在来種を尋ねたり、持っていないかと聞くのもいい。

私はそうしたことを尋ねる際、ペンを持ち、メモ帳に書き込む。本気度が伝わり、聞くだけのときとは相手の態度も変わってくる。そうすると、次に会ったとき、さらにいい話や知恵を聞かせてくれたりする。相手を自分のファンにするくらいの気持ちも大事だ。

暮らす場所を決める

講演ではいつも、暮らす場所の大事さを伝えている。先哲は「場所が決まれば、修行が始まる」というし、鴨川自然王国をつくった故・藤本敏夫さんは「ポジションが決まれば、ミッションがわかる」（『青年帰農』農山漁村文化協会、2002年）というメッセージを遺されている。創造性とともに、根っこ性が大切だと思う。

これまで半農半Ｘの意義を伝えるなかで、暮らす場所が定まっていない人が多いことを感じてきた。「日本のどこかで」では、「ほんとうの修行」が始まらないかもしれない。場所が定まっているのは、実はすごいことなのだ。そうなると、やるべきことも決まってくる。

漢字が伝わる以前のことばである「やま

とことば」によると、植物の「種」の「た」は、「高く」「たくさん」など広がりを表すという。そして、「ね」は「根っこ、根源」を意味するそうだ。たしかに、種を大地に播くと、土深く根を張りつつ、空に向かって芽を出し、花をつけ、種子を残していく。

都市的に生きる現代人は「根なし草」と言われる。いま、「いのちの根っこ」を大事にする生き方が求められている。根っこを大事にしつつ、無限の創造性・想像性を活かし、才を自分だけで独占せず、いいものを分かち合い、伝えていく。そんな精神でこの難局の時代を生きていけたらと思う。

私は人生を、生き方・暮らし方を点検するとき、「た・ね」のように生きているかとセルフチェックするといいと考えている。これは、人だけでなく、企業やNPOなどの組織、市町村や都道府県、大きく言えば、国家のあり方にさえも示唆を与える。

すべてが宝、誰もがアーティスト

京都の百万遍では、有名な「手づくり市」が毎月15日に開かれる。この市に出店されている綾部在住の四方静子さんは、私の母の世代。紙漉き、草木染め、つる編み、草編み、ドライフラワーなど、何でもできるアーティストだ。

綾部にUターンした私は、四方さんから「軽トラで村を走れば、野山のものすべてが宝物に見える」と聞いて、とても刺激を受けた。また、梅雨のころに咲く美しい紫陽花は、咲き終えれば終わりでなく、ときを経て、枯れゆく花もわびさび的に美しいと教わったことが、いまも頭に残っている。

「花は盛りに、月は隈なきをのみ、見るものかは（桜の花は満開のときばかり、月は満月ばかりを見るものか？　いや、そうではない）」

吉田兼好の『徒然草』第137段のことばを想起された方もいるだろう。

これからの時代をどう生きていったらいいのかを考えるとき、いつも思い出すのが作家・宮内勝典さんの「バリ島モデル」というライフスタイルだ。1995年に出合ったその考えに、私は大きな影響を受けてきた。

バリ島では朝早くから水田で働き、暑い日中は休憩する。そして、夕方になると、それぞれが芸術家に変身。毎日、村の集会所に集い、音楽や踊りを練習したり、彫刻や絵画に没頭する。10日おきに祭りがあり、技を披露し合う。翌朝はまた田んぼで働き、夕方にはアーティストになる。

宮内さんは「村人一人一人が、農民であり、芸術家であり、神の近くにも行く。つまり一人一人が実存の全体をまるごと生きる」と書いている。そして、「このバリ島モデルを、人類社会のモデルにすることはできないか」と（対談集『ぼくらの智慧の果てるまで』宮内勝典・山尾三省、筑摩書房、1995年）。

農に携わりながら、アーティストであり、クリエーターである。ここに日本の未来があるだろう。持続可能性を有する暮らしをしながら、創造的で付加価値も創り出す国民の集合体。私はこの国の未来ビジョンをそんなふうに考えている。

5 農力を活かし、エックス力も高める

多様な"多様性"の掛け算

2007年に、『綾部発 半農半Xな人生の歩き方88』(遊タイム出版)という本を上梓した。綾部の半農半Xな88人を見開きごとに1名紹介する本だ。隣村の80代のおばあさんは歌人で、畑仕事をしているなかでの気づきを短歌にする。彼女を半農半歌人と呼ぶ。綾部に移住された陶芸家は半農半陶だ。娘が教わった幼稚園の先生は半農半保育士。30代の友人は、半農半市議として活躍している。約3万6000人から半農半Xな88人を探すことは、決してむずかしくなかった。

21世紀は生命多様性が重要な時代となると知ったとき、私の中に「使命多様性」ということばが生まれた。人はなぜ、短歌を詠むのか。陶芸をするのか。教育をミッションとするのか。あるいは、地域をよくしようと市議や町議となり、苦労を買って出るのか。

これからの地域づくりをあえて法則化すれば、以下のような「多様な"多様性"の掛け算」型となっていくだろう。

生命多様性×使命多様性×地域多様性(地域資源多様性)。そして、その組み合わせ。

私が半農半X研究所を設立したのは2000年。世界の事例に学び、半農半Xのコンセプトを深められたらと思い、活動を続けている。あるとき、個人的な研究所を創る人が案外いることに気づいた。主婦も、現役サラリーマンも、定年退職された大学教授も。

以来、小さな研究所に注目してきた。そして、ふと浮かんだのが、この国の人びとがみな自分のテーマを生涯探究し続け、自分の研究所を自宅に創ってはどうだろうかということだった(「1人1研究所国家」構想)。冒頭で紹介したバッタリー村には、自分の炭小屋を研究所と呼ぶおじいさんがいるという。

いろんなエックスがあっていい

おすすめしているのは、以下のワークだ。講演の機会をいただいたときは、必ず会場で行っている。分母には居住地、活動場所、舞台(具体的な市町村、地域・集落名。明確でない場合は、海沿いの静かなまち、山間の静かな村など)を記し、分子には自分のキーワードを3つ書き込む。書くのは大好きなこと、得意なこと、ライフワーク、気になるテーマなど。

A(　　)×B(　　)×C(　　)
活動舞台、フィールド
(　　　　　　　　　　)

どこで行っても、キーワードが3つ重なる人はいない。場所も異なる。人は思った以上に多様であることがわかる。

エックスがわからないという人もいるだろう。私もとくに秀でた芸はない。そういった人には、こんなアドバイスをしたい。

自分のエックスにこだわらなくてもいい。

父や母、きょうだい、妻、子ども、友人・知人など周囲の人のエックスを応援するというエックスもある。自分のエックスにとらわれがちだが、周囲のそれのプロデュースも考えてほしい。これは近隣や職場、まちづくり

雪化粧した故郷の村風景。最近は鹿やイノシシがやってくるので、電柵がはりめぐらされるようになった。

にも言えるだろう。そうした視点で生きたなら、すべてが天国になっていく。

組み合わせの妙

哲学者の内山節さんが綾部で講演された際、若い女性が「田舎で食べていくには」という問いを投げかけた。内山さんは「30万円稼げることを10つくりなさい」とアドバイス。お米作りでも、パンを焼くのでもいい。英語やパソコンを教えるのも、介護の仕事もいい。なぜ10なのか。1つがダメになっても他が支えてくれるからだ。

最近では、非電化工房の藤村靖之さんによって「3万円ビジネス」が提唱されている。これも内山さんのアドバイスを細分化したものだろう。

私は、未来においてみんなが「半農半ローカル社会起業家」であればと思っている。大きな額を稼ぐ必要はない。自身のエックスを世に活かし、地域や社会の問題を解決していきつつ、土に触れつつ食べていく。そんな未来社会を夢見ている。

日本には「もったいない」というすてきな言葉がある。いまの日本には3つの「もったいない」があると私は思っている。それは、①「天与の才（個性、特技、好きなことなど）」の未活用、②「地域資源（自然や歴史、地域の食文化など）」の未活用、③多様な人財の「未交流・未コラボレーション」だ。人と人、人と資源には、無限の組み合わせがある。それを活かしていこう。

ジャーナリストの大江正章さんは『地域の力――食・農・まちづくり』（岩波新書、2008年）で、「いま、もっとも求められているのは、第一次産業や生業を大切にしながら新たな仕事に結びつけ、いのちと暮らしを守りつつ、柔軟な感覚で魅力を発信している地域に学び、その共通項を見出して普遍化していくことだろう」と述べている。また、この本で取り上げられた注目の地域には4つの共通点があるという。大事なポイントがうまくまとまっているので、要約して紹介したい。

「①地域資源を活かし、それに新たな光をあてて暮らしに根ざした中小規模の仕事（生業）を発展させ、雇用を増やしていること。

②前例にとらわれない発想とセンスをもち、独走はせずに仲間を引っ張っていくリーダーの存在。

③Ｉターン（よそ者）とＵターン（出戻り）が多いこと。多くは都会育ちのよそ者は第一次産業の復権や環境保全という価値観のもとに地域の魅力を発見し、全国に伝えている。それがまた新たな人を惹きつける。

④メインとなる仕事で現金収入を得ながら、自らの食べるものを作り、自給的部門を

大切にする人たちが多いこと。彼らは、安全な食べものをつくる農の担い手でもある」

希望は身近なところに

3・11という大きな試練のあった日本。「積善の家には必ず余慶有り」。日本人は生き方、暮らし方を変え、陰ひなたなく、小さな善を積み、有する「和の知恵」を世界に惜しみなく分け与えるしかない。半農半Xというコンセプトは、世界に貢献できる知恵のひとつでありたい。

3・11以降をどう生きるか悩んでいたある日、『食大乱の時代――"貧しさ"の連鎖の中の食』（大野和興・西沢江美子、七つ森書館、2008年）にあった印象深い話を思い出した。ファミレスのバイトに励む女子高生が、不在がちの両親に代わって作ってくれる祖母の和食のありがたさに気づいたという話だ。

80歳の祖母は小さな農業をしている。食卓には祖母が作った野菜が並ぶ。得意料理は和風で、お漬物や味噌汁、煮物、おひたし、天ぷら、魚の煮付けなどが最高だと女子高生。祖母がいて本当によかったと気づく。3世代居住で、小さな農が身近にあり、食卓には和食。いまでは奇跡的なことばかりだが、ヒントはここにある。

あたりまえのことばかりでいい。答えはなんてシンプルなのだろう。希望は身近なところにこそある。

※私と種まき大作戦の共編著『半農半Xの種を播く――やりたい仕事も、農ある暮らしも』（コモンズ、2007年）には、Q＆Aコーナーなど貴重な情報が多いので、ぜひチェックを！

〈コラム1〉
エコビレッジ的なコミュニティ――鴨川市（千葉県）

トラスト制度で棚田の保存活動が続いている大山千枚田や、いまは亡き藤本敏夫さんが建国した鴨川自然王国などで有名な鴨川市は、知る人ぞ知る半農半Xのメッカです。房総半島の南東部に位置し、気候が温暖で、農業も漁業も盛ん。温和な人が多く、移住受け入れにも積極的です。

鴨川市産業振興課が事務局を務める「ふるさと回帰支援センター」やNPOうずが主宰する鴨川地球生活楽校など都市と農村をつなぐパイプもあり、サポート体制もバッチリ。定年帰農者、手に職を持った若者、地域の風土にほれこんだ外国人などが住み着いていて、エコビレッジ的なコミュニティが生まれつつあります。東京での説明会や現地でのイベントもたくさん開かれているので、まずはインターネットでチェックしてみてください。

そんな鴨川で緩やかなネットワークづくりに一役買っているのが、有志で運営する地域通貨・安房マネーです。子守り、草刈り、車での送迎など、多様なサービスに利用できます。ちょっとしたお礼や恩返しの「見える化」と言ってもよいでしょう。約150世帯250名が参加し、南房総全域（安房地域）に広がっています。

こうしたコミュニティは、生活を助け合うサバイバルの絆であり、必要なプロジェクトを生む創造の知的ネットワークです。高齢化が年々進み、休耕地の増加や里山の荒廃などの問題をかかえる中山間地域だからこそ、鴨川はあなたの力を必要としているのかもしれません。

〈西村ユタカ〉

第 5 章
有機自給農力検定

金子美登

1 資源の循環と有機農業

　有機農業は身近な資源を有効に活用し、なるべく外部への依存を減らしながら自給・自立していくことを基本とします。ここでは身近な資源の循環について、農場と地域という2つの視点から考えてみましょう。

　現在、私の霜里農場（埼玉県小川町）では、田約1.5ha、畑約1.5ha、山林約3haで有機農業を営んでいます。家畜は乳牛3頭、鶏約200羽、合鴨約100羽です。

田畑、山林、家畜の循環

　有機農業の基本は土づくり。その要は冬に行う堆肥づくりです。農閑期になると、山林（里山）へ行って落ち葉を集めます。その落ち葉と、家畜の糞尿や米糠、おからなどを積み上げて、堆肥を完成させるのです（70・71ページ参照）。これを散布することで、土壌は肥沃になっていきます。

　里山に育つクヌギやコナラなどが混じった落ち葉が理想的ですが、近くの公園や街路樹の落ち葉でもかまいません。稲や麦のワラ、おがくず、籾殻、木質チップなども、堆肥の材料として利用できます。また、ワラや籾殻の使い道は多様です。ワラを畑に直接敷けば雑草対策になります。籾殻は燻炭にして、育苗土に利用したり田畑に鋤き込むと有効です。

　このように、田畑、山林、家畜が循環しながら有機農業が成り立っていることが理解できるでしょう（図1）。家畜のエサは田畑から出る青草やワラなどが中心ですから、家畜は資源の循環を助ける大切な仲間と言えます。

里山を活かした地域循環

　ただし、誰もが自分の農場でこうした循環型農業を実践できるとは限りません。その場

図1　循環で成り立つ有機農業

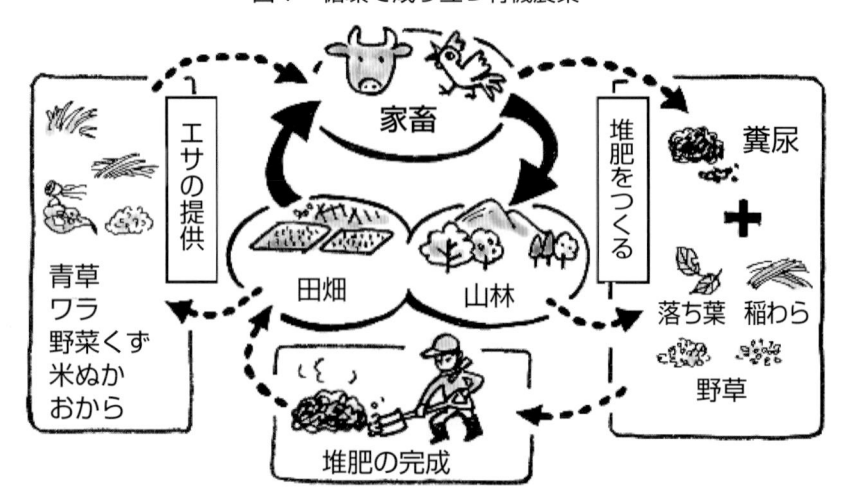

合は、自分が暮らす地域からそうした資源を調達し、地域内循環をめざしましょう。当然ですが、地域の環境によって資源の内容は変わってきます。地域を歩いて、自然、産業、人をよく知ってください。

たとえば、里山があれば落ち葉を利用できるし、林業や製材所があれば木屑や木質チップが利用できます。畜産が盛んな地域であれば、家畜の糞尿を利用できるでしょう。お豆腐屋さんからはおからを、お米屋さんから米ぬかを入手できます。これらは一般には産業廃棄物として扱われますが、農業にとって、とくに有機農業にとっては貴重な資源です。

霜里農場がある下里地区は里山に囲まれた緑豊かな地域で、有機農業が徐々に広がりつつあります。今後は里山、川、田んぼが循環する流域自給という視点に立って、有機農業のムラづくりをめざしていこうと考えています。

里山の保全には、下草刈りや間伐など人の手が必要です。そこで、地域住民が協力して整備していきます。また、広葉樹を植林する計画です。その落ち葉が腐葉土となり、そこに浸透した栄養分豊かな水が川から田んぼに流れ込みます。自然と人間は支え合い、共生しながら生きているのです。

暮らしの自給

私が行っている有畜複合農業は、第二次世界大戦後しばらくまではごく当たり前の農業です。そこでは農業が暮らしそのものであり、里山の利用方法も実に多面的でした。

薪や炭などは、当時の貴重なエネルギー源でした。霜里農場ではいまも炭焼き小屋を設けています。また、里山は山菜やキノコ、竹林の竹の子などの食料を確保する場です。

農業資材や生活資材、建築材も、里山から調達してきました。霜里農場では、ウッドボイラーを設置して薪を燃やし、床用暖房や給湯用の熱として利用しています。そこから出る木灰は、上質なミネラルとカリウムを含んだ肥料で、田畑に施します。

2004年には地元産のスギの間伐材を利用して、野菜の育苗、サツマイモや生姜などの貯蔵用のガラス温室を建てました。通常、ビニールハウスに使用される鉄管などは有限な資源です。しかも、ビニールは数年に一度は張り替えなければなりません。焼却処理すればダイオキシンのような有害物質が発生します。このガラス温室では、ビニールは使っていません。

骨格部分の木には、建築前に柿渋と木酢液を半量ずつ混ぜて塗っておきました。1年に1度、雨の当たる外側部分に柿渋と木酢液を同様に塗れば、20年以上はもちます。

2006年に新築した母屋は、私の祖父母が植林した80年ものの檜や杉で建てました。まさに"地木・地家"です。外壁の杉板には柿渋の原液と桐油を、内装の檜と杉には水で薄めた柿渋を塗りました。

このように、里山にはさまざまな自然の恵みがあります。それらを利用して暮らしを豊かにしていくことが、農家の知恵と技でしょう。

2　土と肥料

団粒構造の土

　有機農業にとって、よい土とは「生きた土」です。

　秋や冬になると、山の木々は葉を落とし、小動物や微生物がそれらを分解して、100年に1cm程度の腐葉土をつくります。それらが養分となって木々を茂らせるのです。腐葉土は柔らかく、フカフカしています。畑の土づくりとは、こうした自然の循環に学び、それを人間の働きで10〜20年に早めてあげる仕事です。

　有機農業に転換当初は、土壌に農薬や化学肥料の影響が残っていますが、3年ぐらいで小動物や微生物が回復していきます。それから栽培が安定するまでの約10年が頑張りどころといえるでしょう。

　土づくりの目標は、土を単粒構造から団粒構造へ改善していくことです。微生物が多く棲んでいる土では、微生物が出すアミノ酸や核酸などを根毛が吸収して作物が生長します。そして、無数に発達した根毛が養分を分泌し、微生物の棲み処とエサを供給します。つまり、根圏微生物は根とギブ&テイクの関係にあるのです。

　こうした根毛からの分泌物や小動物、微生物の分泌物、カビの菌糸などが、土の粒子を結びつけて団粒状にします。団粒構造の土は、粒が大きく、団粒同士が隙間をつくり、その隙間には糸状菌や放線菌などが共存しています。

　団粒構造のよさは、①土壌が柔らかい、②水はけと水もちがよい、③通気性がよい、④酸素を取り込みやすい、⑤土の中が暖かいなどです。

堆肥づくりの実際

　堆肥づくりは土づくりの基本です。堆肥は元肥として、植え付け前に畑に鋤きこむほか、追肥としても使用できます。

　たとえば100㎡の畑であれば、1年目に500kg（1坪あたり約17kg）の堆肥を鋤き込み、2年目以降は400kg、300kg、というように徐々に減らしていきます。最終的には、1坪あたり3〜7kg（100㎡に100〜200kg）の完熟堆肥の施用で、生きた土になっていくはずです。上級者向けに堆肥づくりを説明しましょう（図2）。

①日当たりと水の便がよく、水はけのよいところに、木の枠を設けて堆肥場（発酵させるところ）を設置する。底は土のままでよい。

②材料を積み込む。一番下に落ち葉や枝葉チップを敷く。その上に、落ち葉、稲わら、麦わら、籾殻、おがくず、木質チップなど炭素の多い材料10〜20に対し、鶏糞、豚糞、牛糞、米ぬか、おから、青草、生ごみ、野菜くずなど窒素の多い材料を1の割合で交互に積み、足で踏み固める。

③50cm程度の高さになったら、底の土から染み出るくらい水をかける。

④②と③の作業を繰り返し、1.5〜2mまで積み上げ、古じゅうたんやむしろなどで覆い、

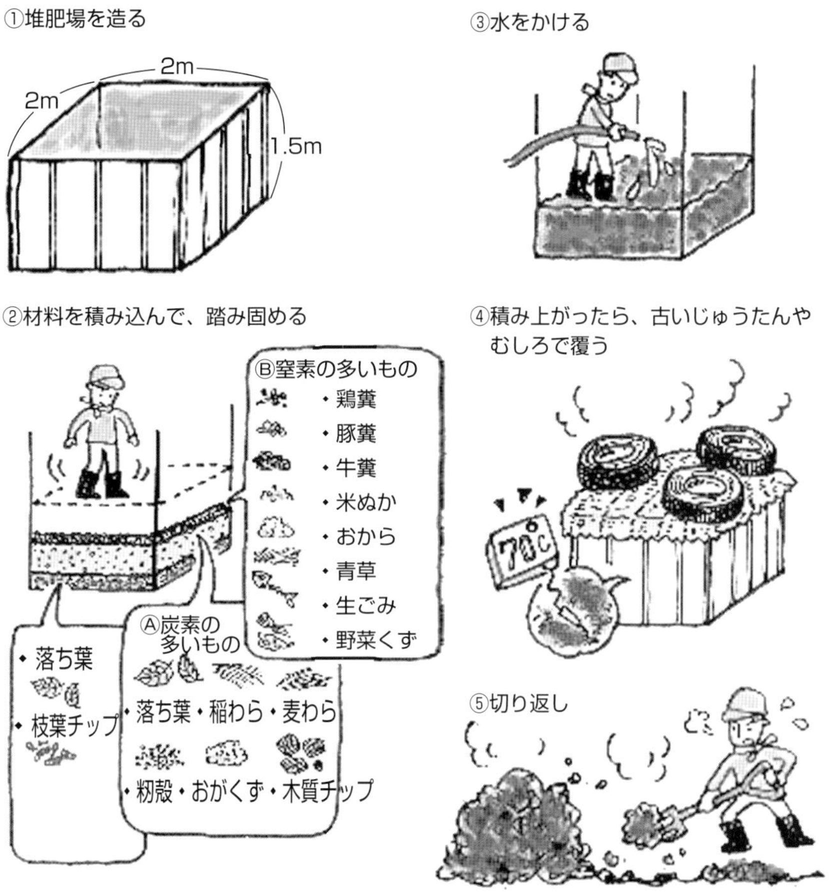

タイヤなどを重石にする。1昼夜で30〜45℃、2昼夜で70℃前後まで上がり、3日〜1週間継続する。
⑤10日〜2週間後に1回目の切り返しを行う。堆肥枠をはずして横に置き、フォークを使って、上下を入れ替えるように切り返す。中側は発酵が進んで酸素が少なくなり、外側は発酵しにくい。そこで、中と外をしっかり混ぜ合わせ、均一な発酵を促す。白いカビ状のものが出ていれば、発酵は順調。
⑥同じ間隔で切り返しを2回行う。あまり踏まず、酸素を取り込むようにするのがコツ。3回目の切り返しが終わり、2週間くらい経つと、ほぼ完熟堆肥となる。表面にはきのこ類が生えだし、ハサミムシやダンゴムシなどが生息する。

ボカシ肥と緑肥

家庭菜園でも、畑の一角に90cm角の木枠を設置すれば、小規模な堆肥づくりができます。ただし、誰もが堆肥をつくる場所や時間があるわけではありません。堆肥づくりがむずかしい場合は、ボカシ肥や緑肥で代用できます。

（1）ボカシ肥

ボカシ肥は、米ぬかやおから、籾殻燻炭などを発酵させた肥料。堆肥よりも手軽につくれるため、家庭菜園向きです。肥料濃度が高く、即効性があるので、追肥用として効果的ですが、持続性もあるので、家庭菜園では元肥として堆肥代わりに使用してもよいでしょ

図2　堆肥のつくり方

①堆肥場を造る
②材料を積み込んで、踏み固める
　Ⓐ炭素の多いもの
　・落ち葉・稲わら・麦わら
　・籾殻・おがくず・木質チップ
　・落ち葉
　・枝葉チップ
　Ⓑ窒素の多いもの
　・鶏糞
　・豚糞
　・牛糞
　・米ぬか
　・おから
　・青草
　・生ごみ
　・野菜くず
③水をかける
④積み上がったら、古いじゅうたんやむしろで覆う
⑤切り返し

う。以下に、私の農場で実践しているつくり方を紹介します。

①材料は、米ぬか6：おから3：籾殻燻炭1の割合。そのほか、鶏糞、菜種かす、油かす、魚粉、炭、山土を使う人もいる。

②ハウスや屋根の下に大きなたらいやとろ舟などを用意し、米ぬかと籾殻燻炭を入れて、手でよくかき混ぜる。

③その後おからを入れ、固まりができないように手でほぐしながらよくかき混ぜる。おからは水分を含んでいるので、水は加えない。

④発酵熱が45～60℃になったら1週間～10日は毎日切り返す。その際、下の材料を上に出すようにして手やセメントをこねるときに使う左官鍬で切り返し、均一な発酵を促す。粗いものは、細かくなるように丁寧に手でもみほぐす。

⑤30℃程度に熱が下がってきたら、2～3日に1回のペースで切り返す。水分が減って、サラサラになったら出来上がり。

⑥ふた付きのポリバケツや袋に入れて貯蔵する。

(2) 緑肥

菜園のスペースに余裕がある場合は、6月にセスバニアやクロタラリア、7月下旬～11月にライ麦などの緑肥作物を播き、砕いて鋤き込むのも効果があります。

緑肥によって次のような効果が期待できます。

①根粒バクテリアが共生する豆科作物(レンゲ、クローバー、大豆など)を鋤き込むことで、空中窒素の固定が可能となり、利用できる。

②地下の深いところの養分を表土に集め、耕土の栄養バランスを整える。

③地上部の茎葉と地下部の根の鋤き込みで、土壌の腐植質が増す。

④堆肥などの運搬の手間が省ける。

⑤クロタラリア、マリーゴールド、ギニアグラス、ペレニアルライグラスなどにより、有害なセンチュウが減る。

⑥景観・防風・マルチ作物として、環境保全にも効果がある。

注意点は開花期の一番含有成分の高い時期に細かく砕いて鋤き込むことと、土の中で堆肥化した3週間以後に種播きや植え付けを行うことです。

また、厄介者として扱われる雑草も貴重な資源です。雑草は土中深くから養分を吸い上げているので、耕土が深くなり、よい肥料になります。

なお、市販の有機肥料を使用する場合は、自然にあるものを材料にしているかをきちんとチェックしてください。遺伝子組み換え品種を使った菜種かすやおからは避けます。鶏糞も、安心できるエサを食べている平飼い養鶏のものを選びましょう。

このように、土づくりにはさまざまな方法があります。あなたの菜園の都合に合わせて、楽しく土づくりに取り組んでください。

3　病害虫対策

天敵と害虫のバランス

　有機農業にとって、病害虫とどう付き合っていくかは大きな課題です。誰もが頭を悩ますにちがいありません。

　生産性の向上をめざし、化学肥料を多投入する近代農業では、生命力が弱い作物が育ち、病害虫の被害を受けやすくなります。また、単一作物の大量生産と連作も生態系のバランスを崩します。近代農業は、農薬使用を前提に成り立っていると言えるでしょう。

　病害虫が発生したら農薬を使用して殺すという対応は一見、簡単で合理的に見えます。しかし、現実にはそううまくはいきません。農業は生態系のバランスを保つことによって安定する営みですが、農薬は害虫だけでなく、それを捕食する天敵まで殺してしまうからです。天敵には以下のようなものがあります。

　　山に棲む天敵——ワシ、タカ、フクロウ、スズメ、ムクドリ、ツグミなどの野鳥。
　　地上に棲む天敵——トンボ、ハチ、ヘビ、カエル、トカゲ、クサカゲロウ、クモ、カマキリ、ナナホシテントウムシなど。
　　地下に棲む天敵——ダンゴムシ、ムカデ、トビムシ、ササラダニ、ミミズなど。

　生態系のバランスが崩れると、害虫は農薬に対して抵抗性をもち、農薬の使用量はだんだん増えていきます。ところが、農薬の効き目も低下するため、新しい農薬が必要となるのです。

　有機農業で大切なのは、病害虫と敵対するのではなく、共生できる環境を整えていくこと。天敵と害虫がバランスよく共生する生態系を農場と地域で取り戻していかなければなりません。

病害虫の発生を抑える４つのポイント

　第一に、丈夫な苗や作物を育てることです。土づくりをしっかり行い、有機栽培に適した、土地と気候に合った品種を選びます。ベテランになったら自家採種にもチャレンジしてみましょう。

　土づくりの際には、カビや害虫の卵、幼虫が多い未熟堆肥を施さないようにしてください。未熟堆肥を施すと、幼虫に根を切られたり、病原菌が根に侵入して、生育障害、発芽障害、窒素不足に陥りやすくなります。土づくりをしっかり行えば、作物は丈夫に育つだけでなく、ミミズやトビムシなどの土壌生物の生育環境が整い、病原菌を食べてくれます。

　第二に、多品目栽培と輪作です。同じ野菜や同じ科の野菜を植え続けると、それを好物とする病害虫が繁殖し、土壌中から野菜が吸収する養分が少なくなります。同じ科の野菜を連作しないようにして、輪作と多品目栽培に心がけ、土のバランスを整えましょう。その際、あまり密植せず、日当たりと風通しをよくすることも大切です。

　第三は、適期適作です。それぞれの作物には適した生育時期があり、それを無視すると

病害虫の被害を受けやすくなります。生育に適した時期に種播きや植え付けを行いましょう。

第四は、最近注目されているコンパニオンプランツ（共栄作物）の利用です。混植すると互いによい影響を与え合う植物を組み合わせて栽培していきます。

たとえば、ニラとナス科の野菜の組み合わせ。ニラの根に棲む微生物は病気を防ぐ効果があり、トマト、ナス、ピーマンなどナス科の野菜と好相性です。トマトの苗を定植するときに、両脇に1本ずつニラを植えます。両方の根が土の中でからむように、そばに植えるのがコツです。

根をからめる

また、観賞用のマリーゴールドやラベンダーはほとんどの野菜と相性がよく、アブラムシ除けになります。

物理的防除も組み合わせる

こうしたポイントに気を配っても、病害虫

(出典)「写真集 2007-2008 霜里農場」。

の発生を抑えられない場合もあります。その際は、物理的な防除も必要です。

たとえば、朝や夕方の虫の動きが鈍いときに、手で捕ってつぶします。とりわけ、天敵が見当たらない、カボチャやキュウリにつくウリハムシや、ジャガイモやトマトにつくテントウムシダマシなどは、この作業が必要です。一週間くらい続ければ、少なくなるでしょう。

そのほか、小松菜などは本葉が2枚出るくらいまでの間は寒冷紗や不織布をベタがけしたり、キャベツや白菜などの夏播き野菜の苗床や移植初期に寒冷紗でトンネルをつくるのも、効果的です。寒冷紗は目が細かいので害虫が入れず、卵を産み付けられません。とくに夏播き野菜は、0.6mm目の寒冷紗が効果的です。これらには、寒さや暑さを防ぐ役割もあります。

また、鳥害を防ぐには、釣り糸を張り巡らせるなどの工夫が必要です。

いずれにせよ、病害虫が抑えられる環境はすぐには整えられません。有機農業に取り組んでから3年間は我慢のしどころで、土づくりをしながらコツコツ継続していくことがもっとも大切です。天敵が多く生息する環境がだんだんとつくられ、よい土ができ、病害虫に負けない丈夫な野菜が育つようになっていくでしょう。

4　家畜は欠かせない仲間

どんなエサを与えればよいか

霜里農場では乳牛・鶏・合鴨のエサの中心は粗飼料なので、人間の食べものとは競合しません。周囲の資源を無駄なく活用する飼い方です。

田畑約1haで牛1頭に必要なエサを自給できるので、乳牛3頭分のエサは農場内で十分に確保できます。中心は青草やわら、野菜くずなどの粗飼料です。青草は、畑の雑草と田んぼの畦草を毎朝刈って与えます。青草が不足する秋から冬にかけては、規格外のジャガイモや大根、竹の葉やアオキ（常緑低木）、保管している稲ワラを与えます。

牛は一年中放牧です。太陽電池による電気柵を周囲に張りめぐらし、雑草が生えている場所を移動させます。牛乳はおもに自家消費用で、希望する提携消費者（→103ページ）には、野菜や卵と一緒にお裾分けしています。

平飼いしている鶏のおもなエサは、米ぬかやおからを中心とした自家配合飼料。また、雑草や野菜くずなどの緑餌も欠かせません。

おからは町内のお豆腐屋さんからいただきます。卵の出荷先は提携している消費者のほか、レストランと直売所です。鶏は解体と加工を専門業者に委託してソーセージなどにして、レストランなどに出荷しています。卵と鶏肉は、我が家の貴重なタンパク源です。

合鴨はよく知られているように、田んぼの雑草や害虫を喜んで食べます。あとはクズ小

(出典)「写真集 2007-2008 霜里農場」。

麦を与えるだけです。合鴨の効果と恵みは、雑草や害虫の防除だけではありません。

常に足で水中をかき混ぜるので、田んぼの中が濁った状態になり、日光が遮断され、雑草が生えにくい環境をつくります。また、糞尿は田んぼへの貴重な養分の供給となるし、嘴（くちばし）や足で耕したり稲に触れることで刺激を与え、稲の成長を促進します。一石二鳥どころか、三鳥、四鳥と言ってもいいでしょう。

しかも、田んぼの中をピーピーと鳴きながら泳ぎ、エサを食べる姿や仕草は、なんとも可愛らしく、癒されます。実際、合鴨が入っている私の田んぼには集落のおとなも子どもも、毎日のように様子を見に来ます。

いびつな近代畜産

合鴨は稲の穂が出る前に田んぼから引き上げて、農場の小屋に移動。冬を越して油がのった時期に、肉やソーセージなどにして、レストランなどに出荷しています。これは、合鴨が健全に飼われているからこそできることです。

日本では戦後、輸入穀物飼料に依存した、大規模で、工業的・集約的な近代畜産が進め

られてきました。現在も、その傾向は変わっていません。

たとえば近代養鶏では、ウィンドレス（無窓）の大型ケージで数10万〜数100万羽が飼われています。ケージで密閉され、日光や空気、大地と隔絶された空間です。自由に動き回ることができない密飼い状態で、人工的にコントロールされた鶏は免疫力が低下し、1羽が病気にかかれば、またたく間に広がっていきます。だから、抗生物質をはじめとする薬剤が多用され、品質の低下を招いているのです。

エサはトウモロコシをはじめとする濃厚飼料が中心。ほとんどが海外からの輸入に依存しており、多くは遺伝子組み換え作物でしょう。霜里農場とは違い、青草などの緑餌はほとんど与えられていません。

鶏なら自給的農園でも飼育可能

かつては、ほとんどの農家が庭先で少数の鶏を放し飼いにしていました。農家にとって鶏は馴染み深い家畜です。有機農業では、鶏を自然から隔離するのではなく、自然の恵みのもとで飼育します。それが、平飼い養鶏や自然卵養鶏です。

木材など身近な資源を利用した鶏舎は、風通しがよく、日光が隅々にまでさすように、開放的な設計にします。止まり木と水箱の設置場所は、鶏の動きを遮らないように配慮。一斗缶などを利用した産卵箱の中には籾殻を敷き、薄暗い空間で落ち着いて産卵できるような環境をつくります。

土間の上に敷き詰めるのは、切りワラと籾殻です。土を足でかき回し、砂浴びをする習性をもつ鶏は、それらと糞尿を足でかき混ぜます。常に低温発酵している状態になる鶏糞は、サラサラで匂いがなく、即効性のある貴重な肥料となり、ほとんどの農作物の追肥として有効です。

エサは残飯や野菜くず、青草などを有効に活用すれば、コストもあまりかかりません。しかも、平飼い養鶏の卵は人気があり、1個40円程度で販売できるので、貴重な収入源です。新規就農者にも向いているといえるでしょう。

家庭菜園や自給的農業という観点から見れば、牛の飼育は困難ですが、少数の鶏やウサギは飼えるでしょう。霜里農場でも以前ウサギを飼っていました。雑草が生えているところに囲いを設けて放せば、きれいに食べてくれます。

あなたが理想とする農業のスタイルに合わせながら家畜と共生できれば、外部への依存をできるかぎり減らした自給・自立農業が可能です。家畜は有機農業にとって欠かせない仲間であり、家畜とともに豊かで楽しい農的生活を送ることができるでしょう。

第 6 章 コミュニティ農力検定

大和田順子

1 農力アップことはじめ

まずは野菜作りから

　私は東京生まれの東京育ち、現在も23区内に家族で住んでいます。親戚にも、同世代にも農業をしている人はいません。5年前までは、農家の知り合いもいませんでした。しかし、日本の食料自給率の低さ、なかでも都会で暮らしている自分の生活が自給率ゼロで、かつ自給力もゼロであることに、うすうす不安を感じ始めていたのです。

　そんな2007年の春に最初に出会った農家が、千葉県香取市栗源にある「くりもと地球村」の佐藤文彦さんでした。雑草を鋤き込み、微生物を活かした循環農法で野菜を作っています。

　勉強会の合宿で、地元産木材を使った木造三階建ての建物に泊り、食事には循環農法で作られた野菜料理が出されました。大地のパワーが凝縮されているような濃い味です。翌朝は早起きして野菜の収穫を手伝いました。この出会いがきっかけとなり、1年間、佐藤さんの野菜を定期購入しました。

　5月に入ると、自宅に比較的近い成城学園前駅に小田急電鉄が貸し菜園「アグリス成城」を開園します。我が家は庭がなく、ベランダも東側で日当たりが確保できず、ベランダ菜園もできません。

　なんとか野菜作りをしたいと思っていたので、さっそく菜園を借りることにしました。費用は1坪程度で1カ月1万2000円ほどです。農山村の人に言うと一様に驚かれる金額ですが、ささやかでも野菜自給力をつけられるのであれば、安心感につながるし、家族の共通の話題にもなります。

　菜園にはベテランの指導員がいて野菜作りのイロハを教えてくれます。スコップや肥料、支柱用の竹や紐なども常備されているので、手ぶらで出かけても大丈夫です。トイレやシャワールームもあって快適な時間が過ごせます。ここでは5年間野菜を作りましたが、腐葉土を使った微生物がたくさんいる土で作りたいので、止めることにしました。土によって野菜の味が違うとわかってきたからです。

　2012年5月からは、埼玉県小川町下里の

ヨーロッパの民家風のお洒落な建物。

次はお米作りに挑戦

お米作りに関しては、2008年に茨城県つくば市にある直売所「みずほの村市場」が主催する米作り体験会に参加しました。この体験会は1998年から行われているそうです。小さいお子さんのいる家族連れに混じって、田植え、草取り、稲刈りを行いました。参加費は3回で一人3000円。お米の品種は「夢常陸」です。

田植えのときの田んぼの水や土の感触、ひばりの鳴き声。草取りのときの水中生物やカエルの鳴き声。稲刈りのときの、稲のチクチクした感触や、上空を舞う赤トンボ、稲わらの匂い。毎回、五感で楽しみました。

田植え後には、地域のお母さんが作ってく

しもざと桜ファームの初日最初の作業は献立て。

NPO法人霜里学校が主催する有機野菜塾＆貸し菜園(しもざと桜ファーム、12区画)に参加しました。1971年から有機農業を続けている霜里農場(←第5章)の一角で行われ、塾長は農場主で日本の有機農業の第一人者である金子美登さん。講師は、石川宗郎さん(1972年生まれ)と有井佑希さん(1980年生まれ)という非農家出身の新規就農者が務めています。二人とも金子さんの元研修生で、下里地区で新規就農しました。

この塾と貸し菜園は、小川町や近郊の市民に有機農法による野菜の作り方を広める、"有機農力"向上の場とも言えるでしょう。野菜作りだけでなく、腐葉土、籾殻燻炭、踏み込み温床、漬物や味噌作りなども行い、農村の暮らしの知恵と技の一端も学ぶことができます。

みずほの村市場の米作り体験会には親子連れの参加者が多く、生きもの調べに歓声が上がる。

稲刈りのときは野菜や豚肉のバーベキュー。

れたおにぎり、塩もみした野菜、豚汁、お餅（からみ大根、あんこ）、ミニトマト、果物（はっさく、スイカ）がふるまわれ、最高に美味しかった！ そして、お米ができるまでに、どれだけの手間と時間がかかるのか、初心者なりに知ることができました。

2009年には埼玉県小川町の下里地区で開催されている「米づくりから酒づくりを楽しむ会」に参加しました。霜里農場と町内にある晴雲酒造の共同企画です。

仕事が忙しくなって酒づくりまでは参加できませんでしたが、プログラムには小川町の特産品である和紙を手すきしマイラベルを作り、酒瓶に貼る体験も盛り込まれています。翌年春に「おがわの自然酒」が自宅に届き、「日本酒はお米からできる」という当たり前のことを再認識しまし

た。

2010年は、山梨県北杜市増富の限界集落で、知人たちと耕作放棄地を開墾して田んぼに戻し、田植え、草取り、稲刈り・稲架掛けを行いました。企画したのはNPO法人農商工連携サポートセンターです。田んぼの日常的な世話は、農地を管理しているNPO法人えがおつなげてに委託。収穫したお米は1kg 630円で購入しました。

また、有機農法で作られた下里地区の農家のお米を全量買い支えるリフォーム会社OKUTA（さいたま市）のCSR活動「こめまめプロジェクト」に共感し、そのお米を毎月5kg届けてもらうことにしました。こちらは送料込み2600円です。

ちなみに、東日本大震災直後の2011年3月17日、近所のスーパーの棚からお米が消えていたとき、定期配送のお米が自宅に届き

開墾旗のおかげで、抜根も意気が揚がる。「開墾心得五か条」もつくった。

ました。農家と直接の提携で、何よりの安心感を覚えた瞬間でした。

自分の区画でお米を作る

2011年は、池袋のオーガニックバー・たまにはTSUKIでも眺めましょのオーナーで、"半農半バー店主"である高坂勝さんらのグループに混ぜていただき、千葉県匝瑳市の田んぼで、コシヒカリを無農薬で栽培しました。高坂さんは匝瑳市に4年通い、農具の使い方を地元の農家から教わり、冬期湛水・不耕起栽培（冬にも田んぼに水を張って多様な生き物を復活させ、雑草を抑え、耕さない）を独学で実践しています。

我が家の担当は2畝（200㎡）程度ですが、田植え、草取り（3回）、稲刈り・稲架掛けと5回現地に通いました。自宅から110km、車で片道2時間半は、ちょっと遠かったですけれど……。

基本的に自分の区画は自分で担当します。雑草に負けていないか、ちゃんと稲穂が出ているか、カメムシにやられていないか、イモチ病は大丈夫か。6～10月までの5カ月間ずっと田んぼのことが気になりました。ある夏の早朝、雑草がどうしても心配になって車を飛ばし、7時前に田んぼへ。稲の上にたくさん張ったクモの巣が、朝日でキラキラ光っていました。

こうして約35kgを収穫！　ただし、畔での大豆作りや共同作業にはほとんど参加できず、迷惑をかけてしまったことが悔やまれます。

顔の見える関係で手に入れる

こうした体験を経て、私が2012年にどうしているかを紹介しておきましょう。

野菜については、自分でも作りつつ、各地の農園に行った際に直接農家や直売所で購入し、足りない分を自宅の近くにある生活クラブ生協の店舗で買っています。

お米については、1年間で食べる量を1/3ずつ直接購入することにしました。下里地区、西会津町（福島県）の知り合いの農家、応援している各地の農家です。そして、年に1～3回（田植え、草取り、稲刈り）は各産地を訪問して、農作業をしつつ農家と交流していきたいと思います。不慮の災害に備える産地の分散化に加えて、一定量（わが家では、お米1俵＝60kgと乾燥野菜などの保存食）の備蓄も重要です。

2012年は、宮城県塩竈市の浦戸諸島にある寒風沢島の田植えに参加しました。東日本大震災で津波による被害を受けた田んぼです。宮城県のNPO法人田んぼが中心になってボランティアの参加で再生され、冬にも水を張る"ふゆみずたんぼ"（冬期湛水）になりました。NPO田んぼの実証調査によれば、気仙沼、南三陸、石巻の4カ所の被災水田でガレキを撤去し、水を入れたところ、塩分濃度が下がったそうです。

寒風沢島では、再生した田んぼでお米を作り、さらに周辺の海産物を活用した食のブランド化を進める計画があります。ぜひ応援したいので、友人たちにも声をかけて、収穫は

もちろん、加工食品ができるところまで見届けるつもりです。

最近、こうした取り組みに共感する人たちが応援する需要を"縁需"と呼んでいます。被災地の復興にも縁需の創造が大きな鍵をにぎるでしょう。

そして、地域づくりにかかわる

野菜作りとお米作りの体験を通じて、私は地域やコミュニティを意識するようになりました。なかでも下里地区には、雑誌や本の取材、NPO法人生活工房つばさ・游の活動に関連して、2009年から足しげく通っています。自宅から約70km、車で1時間半程度です。

つばさ・游は、1989年に小川町に引っ越してきた高橋優子さんが代表を務めるNPOです。有機農業の普及啓発にも力を入れており、霜里農場の見学会、ミニコミ紙「おがわまちマップ」の発行、有機農業に関連したCSR（企業の社会的責任）活動のコーディネートなどを行っています。

私が小川町に継続して通っているのは、金子さんと高橋さんの思想や活動に大いに共感しているからです。私にできることは何かを考え、企業を紹介したり、彼らの取り組みをさまざまなメディアで紹介したり、勉強会を実施したりして、地域づくりにかかわってきました。

農産物は食べものばかりではない

東日本大震災以来、東北地方に行く機会が増えました。2012年から福島県いわき市で、オーガニックコットン栽培による地域づくりに参加しています。

いわき市は、福島県のなかでは比較的放射線量が低い地域です。それでも、放射能汚染の風評被害のため、農産物が売れません。そこで、地元のNPO法人ザ・ピープルが中心となり、東京のオーガニックコットン製造販売会社・アバンティの協力を得て、オーガニックコットン栽培を始めることにしました。

市内15カ所、計約1.5haの畑に綿の種を播き、1t以上の収穫量を見込んでいます。収穫後は、すべて国内（できるだけ福島県内）で糸にし、布にする予定です。事業の採算性を試算すると、それなりの可能性があることがわかりました。Tシャツやタオルなどの製品になるのは2103年の6月ごろです。

考えてみれば、衣料品の原料の綿や麻などの自給率は限りなくゼロ。食べるものだけでなく、着るものや住まいなども顔の見える関係を追求していきたいと思います。

移住して地域づくりを自ら推進していくこともできるし、自分が住んでいる以外の市町村の地域づくりを応援することもできます。

これまでの私の経験にもとづいて、農を大切にしたコミュニティを形成していくための、農家や地域との出会い方、かかわり方のポイントを以下にまとめてみました。

2　農業ボランティア参加の心得

農家との出会い方

各地に特徴ある農業や活動をしている農家がいます。雑誌やテレビなどのメディア、各地で開かれるマルシェ、「アースデー」「土と平和の祭典」などのイベントをとおして、そうした農家に出会う機会があるでしょう。

まずは、関心をもった農家の野菜を買って食べてみてください。どんな味がするでしょうか？　味が濃い、甘いなどの五感は、入り口として重要です（ただし、新規就農した農家は土づくりの途上なので、味は変わる可能性があります）。

次に、ホームページやブログを見て、見学会や農業イベントに参加してみましょう。現地を訪問して、土や畑の様子、農法、人柄などを自分の目で見て、感じるのです。そして、考え方や姿勢に深く共感したら、農産物を継続的に購入する、農作業ボランティアに参加するなど、交流を重ねてください。

農作業にかかわる

農作業を知り、農力を高めていくためには、農業体験は欠かせません。季節ごとに通えば、年間の農作業や自然の移り変わりが体感できます。農家が指導する農業体験農園や、指導員付きの菜園などで農作業を定期的に行うことも、農力アップに重要です。本格的に農業をめざそうと思うようになったら、自分に合った農園に研修生として、定期的に通ったり住み込むのが、いいでしょう。

当日の作業内容を手帳やノートに記録しておくと、後から読み直して、一人でやるときの参考になります。休憩時には写真も撮っておきましょう。ただし、作業中の撮影は作業の妨げになる場合が多いので、注意してください。

現場での農業体験と並行して座学も重要です。セミナーや勉強会に参加したり、農業技術や考え方に関する本を読んでみましょう。『有機農業の技術と考え方』（中島紀一・金子美登ほか編著、コモンズ）や『有機・無農薬でできる野菜づくり大事典』（金子美登、成美堂出版）は、とくに参考になります。

また、農村部には、田んぼの畔や道端の草刈り、水路の清掃、里山の下草刈りなど、地域コミュニティを維持し、生活しやすくするための共同作業があります。農家のお手伝いだけでなく、そうした地域活動にも徐々に参加してください。

秋の収穫祭や年末の餅つきなど、農村ならではの行事への参加も楽しいです。地域の人たちとの交流を深めていきましょう。

服装と持ち物の準備

初心者がボランティアで足手まといにならないためには、服装や持ち物の準備が大切です。84ページのイラストは、耕作放棄地の開墾に初めて参加する人向けですが、一般の農作業にもあてはまります。

上着は夏でも必ず長袖にしましょう。稲はチクチクするし、半袖では蚊やブヨに刺され

3 都市と農山村の交流術

まずは現地に行くべし

近年は、雑誌やテレビで農山村の美しさや美味しい郷土料理を紹介する企画は定番です。体験ツアーやスタディツアーなどの農的なイベントも、各地で多く開催されるようになりました。

魅力的なプログラムがある地域には、必ずしっかりしたNPOやこだわりの農家などのキーパーソンが存在しています。気になるイベントや体験会、見学会、ツアーを見つけたら、ともかく現地に足を運んでください。

そして、活動体験と同時に、地域の資源を調べてみます。たとえば、農業の関連では、農地の状態や農法、在来種や特産品などです。自然の関連では、川や湧水、森の樹種、日照時間、風力などです。再生可能エネルギーのポテンシャルがどれくらいあるのかについても、関心をもってみましょう。

「他の地域にはないユニークな資源があるか」という視点で地域を歩くと、いろいろなことが見えてきます。そのとき、右脳や五感で感じた雰囲気を大切にしましょう。その地域が好きになりそうか、歓迎されそうか。地域(土地)との相性があるように思います。

キーパーソンを見極める秘訣

何より重要なのは、やはり人！ キーパーソンとの出会いです。活気ある地域づくりには「よそ者、ばか者、若者」が欠かせないと

帽子
キャップがベスト。理想は農機具メーカーのロゴ入りだけど、プロ以外入手困難。

タオル・手ぬぐい
首に巻いたり、頭に巻いたり、とにかく大活躍する。温泉でくれるような薄手の手ぬぐいのほうが使いやすい。

軍手
イボイボ付きのマイ軍手をぜひ一つ用意したい。開墾作業ではスコップや鍬やロープなどグリップ力が求められる。

上着
ウィンドブレーカーか作業着が定番。中にシャツやトレーナーを着て、被服内温度を調節しよう。つなぎは気分は盛り上がるけれど、案外動きにくい。

パンツ
使い古したジーンズとかジャージが最適。あくまでゆったりめで、ピタピタ系は避けるべし。

長靴
開墾は足元から。絶対にはずせないアイテムのひとつ。プロは黒、アマチュアはマリン色を選ぶ傾向がある。

作画：モジリヤーニ・ヤマナ

やすいからです。春や秋は夕方になるとかなり気温が下がるので、ウインドブレーカーがあるとよいでしょう。ズボンも、もちろん長ズボン。ピッタリしたものは作業しづらいので、ゆとりのあるものに。女性の場合、日焼けを防ぐために、帽子は首をカバーするタイプにしましょう。首に巻くのは、タオルでも手ぬぐいでもOKです。

軍手は必需品。滑り止め付き、内側がゴム加工してあるなど、滑りにくいものを用意します。田んぼで作業する場合は、長靴は折りたためるものや、ぴったりしたものがおすすめ。ゆったりしていると、田んぼの泥に足を取られて脱げてしまうからです。一般の長靴より動きやすい田んぼ用長靴もあります。

そして、必ず水や麦茶などの飲み物をマイボトルに入れて携行しましょう。とくに夏の草取りでは、こまめに水分を補給しないと熱中症で倒れてしまいます。また、雨が降っても傘は使えないので、天候があやしいときは上下のカッパを用意してください。

言われてきました。これらに加えて、女性も欠かせないと私は思っています。最近は、コミュニティビジネスを起業している元気な女性が少なくありません。

通常キーパーソンというと、市町村の首長や議員、地元企業の経営者を思い浮かべるかもしれません。私はそうした方たちと親交をもつ一方で、30代〜40代前半の若手を探すようにしています。市町村の職員、農家、事業者、NPO、消費者、研究者など多彩なメンバーです。

私のキーパーソンの見極め方は、その人の行動原理がどこにあるかです。具体的にあげてみましょう。
①自己実現や利己的な発想なのか、それとも利他的な発想なのか。
②地域に対してどんな思いやビジョンをもっているのか。
③これまでどんな実践を重ねてきたのか。
④人の意見に耳を傾けるタイプか。
⑤実現できない理由をあげるのではなく、どうすれば実現できるかと、ポジティブな思考をするか。

もちろん、農家であれば、農法や堆肥のつくり方、得意な農産物について聞くし、それ以外の分野の方には、専門性やスキルについて聞きます。

地域になじみ、必要とされるコツ

季節を変えて何度か通い、気に入った地域やキーパーソンと出会い、自分に何らかの貢献ができそうだと思ったら、地域のイベントを手伝ったり、地域の人と一緒にイベントやツアーなど都市農山村交流企画を立てて、実施してみましょう。遊休施設の活用法を一緒に検討するなど、よそ者の視点による貢献もできるはずです。

さらに、本腰を入れて気に入った地域で活動しようと思えば、総務省が行っている「地域おこし協力隊」や「集落支援員」制度を使う方法もあります（ただし、市町村が募集していないと応募できません）。地域によって異なりますが、一定期間、活動費が保証されるので、腰を落ち着けてさまざまな取り組みができます。

一方、自分のスキルや経験や関心と、地域の資源やニーズがマッチするかどうかという視点も、地域選びには欠かせません。いくら素晴らしい地域資源があっても、自分が貢献できる余地がなければ出番はないからです。

もっとも、それでも好きだと思える地域であれば、静かに通い続ければよいでしょう。地域に必要とされるときがいつか訪れるかもしれません。

なお、農山村には保守的な地域も多くありますが、継続的に通うことで、少しずつ溶け込んでいけます。通いながら、地域に足りないものは何か、自分に貢献できる方法は何かを考え、少しずつ提案し、実践していきましょう。その際、自分の利ではなく、地域の利を優先させることです。3年ぐらい経つと、ようやく信頼され、住民から相談されたり提案されたりするようになると思います。

4　地域で紡いだ幸せな農的生活

二地域居住で子育てする公務員

　中島恵理さん（1972年生まれ）は、環境省の職員であると同時に、八ヶ岳山麓で農業を営む農家の妻です。平日は霞が関で官僚として働き、週末は長野県富士見町で家族と暮らす二地域居住を、10年間にわたって続けてきました。夫と二人の子どもは農村で暮らして食を自給し、家をセルフビルド。妻である彼女が都会で仕事をして収入を得るというライフスタイルです。

　出身は京都で、大学卒業後、環境省に入省。20代のころにはイギリスの大学に留学し、2年間暮らしました。

　日英両国の環境政策に精通し、仕事のかたわら両国の持続可能な社会づくりをめざす取り組みを現場に出向いて取材。その知識は、自らの田園ライフ（農山村の暮らし）の地域活動や農業を通じて身体化され、知恵となり、仕事としての環境政策の立案にも生かされているのです。

　中島さんは週末の自然に囲まれた農山村での暮らしで精神的な癒しと活力を得て、平日の都会での仕事に全力投球するなど、好循環をもたらす二地域居住を実践してきました。自らの田園地域のサスティナブルな生活・社会について、このように述べています。

　「住む人が自然の循環のバランスを崩さない形で農や森に関わることで、その恵みをいただき、地域の自然資源を自らの手で活用した、環境に負荷の少ない自給自足による心豊かな暮らし」

　2011年春、産休が明けて復職し、長野県に着任しました。環境部で温暖化対策課長を務めています。これまで培ってきた知恵を地域の人たちと共有し、温室効果ガス排出量の少ない農山村資源を活かした、豊かで幸せな持続可能な地域づくりを行い、多くの成果をあげるにちがいありません。

　中島さんもそうであるように、多くの女性は、命にとって大切なことは何かという直感に基づいて行動します。地に足がつき、軽やかで、まずは身体が動く。そんな女性たちを味方につけると、地域は変わります。

　＊中島恵理『田園サスティナブルライフ――八ヶ岳発！心身豊かな農ある暮らし』（学芸出版社、2011年）参照。

家族で農力アップの現役サラリーマン

　大手ハウスメーカーの管理職でありながら、自宅近くに10a（約300坪）の農地を借り、野菜やお米を作っている、はたあきひろさん（1967年生まれ）。住まいは大阪と京都の中間にあるニュータウンです。

自給的農業を始めて10年。最初はプランターでの野菜作りから始まったそうです。その後、3人の子どもに恵まれました。畑や田んぼは子どもたちのワンダーランドです。虫や鳥、稲刈り・脱穀・ワラ細工……工夫しだいで遊び方もいろいろ。いまでは食材のほとんどを自給しています。お米は年間300kg程度収穫でき、野菜中心の食事で家族は健康そのものと言います。

自宅は半セルフビルドしました。木組みの伝統工法で知り合いの工務店に建ててもらい、壁塗りや石積みは自ら行ったそうです。余った野菜のおすそ分けをとおして、ご近所付き合いも上々。会社員を続けながらでも、幸せな農的暮らしを実践できる、格好の実例です（2012年から埼玉県に単身赴任中）。

＊はたあきひろ『現役サラリーマンの自給自足大作戦──「菜園力」で暮らしが変わる』（家の光協会、2011年）参照

半農半オーガニックバーの店主

池袋の住宅街で、6.6坪の小さなオーガニック・バーたまにはTSUKIでも眺めましょを営む高坂勝さん（1970年生まれ）。大学卒業後、大手流通企業に就職し、30歳で退社しました。

各地を旅した後、2004年に店をオープン。営業は週に4日で、休みの3日は家族や仲間と匝瑳市の田んぼ（←81ページ）でお米作りなどをしています。匝瑳市にも家を借りているので、半二地域居住です。

「退社後、年収は600万円から350万円に減ったけれど、手元に残るお金は変わりません。しかも、自分の時間はたっぷり確保できるようになりました」

好きなことで生計を立て、ストレスのない楽しい日々を送っています。店で扱うお酒や食材は各地の心ある生産者と直接取引。自営業の仲間たちと支え合うという考え方です。2010年末に『減速して生きる──ダウンシフターズ』（幻冬舎）を出版し、その生き方が注目されました。2011年には匝瑳市で、高浜大介さん（アースカラー代表取締役）たちとNPO法人を設立し、地域づくりにも取り組み始めています。

5 農山村の現状を把握しておこう

空洞化する中山間地域

　農業者の高齢化、農村の過疎化、耕作放棄地の増大など、日本の農業は危機的状況にあります。

　農業就業人口は260万人で、5年前に比べて75万人（22.4％）減少し、平均年齢は66歳です。耕作放棄地面積は1990年代以降急増し、今回の調査では伸び率こそ鈍化したものの40万haとなりました。これは滋賀県にほぼ匹敵する面積です。

　また、食料自給率は高度経済成長期に急減しました。1960年には79％あったにもかかわらず、2000年には40％と半減し、2010年は39％と上昇の兆しは見られません。

　農山村の現状に詳しい小田切徳美氏（明治大学農学部教授）は、著書『農山村再生』（岩波ブックレット）で、中山間地域では4つの空洞化が起きていると指摘しました。それは、①人の空洞化──社会減少から自然減少へ、②土地の空洞化──農林地の荒廃、③むらの空洞化──集落機能の脆弱化、そして、それらの深層で進む④誇りの空洞化──心の過疎です。

　また、過疎化と高齢化で存続が危ぶまれている、いわゆる「限界集落」（65歳以上の高齢者が住民の50％以上を占め、冠婚葬祭など社会行事の維持が困難になっている集落）が各地で増えています。国土交通省の調査では、2006年4月時点で全国に約7900集落あり、そのうち2641集落は今後、消滅の可能性が高いとも予測されています。

　こうしたなかで、2008年の「農商工等連携促進法」や2010年の「六次産業化法」（略称）など、新しい動きも起きてきました。農山漁村の活性化のため、地域の第1次産業、第2次産業（加工）、第3次産業（販売・サービスなど）の融合による第6次産業化や、地域ビジネスの展開に、注目と期待が寄せられています。

　しかし、農商工連携で農業者と加工業者が連携して加工食品をつくるとか、第6次産業化で農家が観光農園や貸し菜園をするだけで、地域が活気づくとは言えません。どのようなサステナブルなコミュニティづくりをするのかというビジョンを地域の市民、農家、NPO、事業者、自治体など多様な主体の協働によって考えていくのが大切です。

　たとえば宮城県大崎市には、ラムサール条約に登録された湿地「蕪栗沼・周辺水田」があります。ここを中心に、20haのふゆみずたんぼによる有機農業と、10万羽を超える渡り鳥の共生を核に、コミュニティづくりが進められてきました。2011年度には震災復興と地域活性化をめざして、総務省の「緑の分権改革調査事業」を活用し、渡り鳥の来る自然や食材を五感で楽しむツアー、渡り鳥が主人公の絵本、美しい映像の制作、沼に生えている葦のペレット化などを行いました。

　今後10年間で新規就農者を増やし、農山村で暮らす人たちの収入が増えるように産業構造を変えていかなければ、日本の食料生産

基盤がますます脆弱になってしまうことは明らかです。

森林の荒廃と木材自給率の減少

日本の林野率は67％、国土の3分の2を占めています。しかし、森林もまた危機的状況です。林業に加えて、水源涵養、きのこなどの林産物、森林セラピーやCO_2の固定化など、森林の多面的機能について、もっと評価される必要があります。

第二次世界大戦中に大量の木材や木炭が必要となり、平地林は造船・建築・薪炭用材などとしてことごとく伐採されました。また、奥山の国有林からも軍需造船用材などに多くの大木が伐られました。

戦後の昭和20年〜30年代には、復興のための木材需要が急増します。そこで政府は、広葉樹からなる天然林の伐採跡地を針葉樹中心の人工林に置き換える「拡大造林政策」を実施しました。ところが、1960年に外国産木材の輸入自由化が始まり、同時期に家庭用燃料が薪炭から石炭や石油へ急速に変わっていきます。こうして、日本の森林資源は建材としても燃料としても価値を失い、林業は衰退していったのです。

現在、多くの人工林は利用されずに放置されています。間伐や枝打ちなどの手入れが行われていないために、荒廃している森林も少なくありません。

林業従事者は農業よりもさらに少なく、2010年時点で42万7000人にすぎません。そのうち、150日以上従事する人は5万3000人です。木材自給率は、1955年の94.5％から、2000年には20.5％まで落ち込みました。

しかし、拡大造林政策から約60年が経過し、伐採期を迎えた森林も多くあります。幸い、木材自給率は2010年には26.0％と、やや回復しました。また、政府は2009年12月に、森林・林業を再生する指針「森林・林業再生プラン」を策定し、成長戦略の柱の一つと位置付けます。ところが、この政策は農業と同様に大規模化志向でした。

日本の森林の多くは急峻です。大型の機械が入るように林道を造成して効率化を進められる経営体は、決して多くありません。実際に必要なのは、NPO法人土佐の森・救援隊が提唱している「土佐の森方式」に代表されるような、規模は小さいけれど地域で循環する仕組みです。

自伐林家が間伐した木材を自ら集積場まで運び、少ないけれど収入を得ると同時に、こうした木材を活用していくのです。この「土佐の森方式」は、すでに全国30カ所以上に広がりました。自伐林家は自分の山の木を切りますから、よい森林をつくろうと考えながら間伐します。だから、皆伐による土砂崩れが起きることもありません。

農にせよ、林にせよ、地域の人たちが、地域の資源を使って食やエネルギーを自給し、地域内での経済循環を基本に、地域外からもお金が流入する仕組みをつくることが、活気のある地域づくりへの王道ではないでしょうか。

第 7 章
サバイバル農力検定

吉田太郎

1 米国で広がるサバイバルゲーム

サバイバルスキルを高める

「まず、個人や家庭、そして、コミュニティは、生きのびるために自分たちで食料を生産し始めなければなりません。もっとシンプルな、消費を抑えたライフスタイルで、暮らさなければなりません。

急激な崩壊に備えてあなたが暮らしているコミュニティのことも学ぶべきです。植物図鑑を買って、どの植物が食べられるのかを学び始めてください。私は、罠を仕掛けて動物の肉を得る方法も学ぶつもりです。サバイバルのガイドやマニュアルはたくさんありますが、それらを試して、自分自身のサバイバルスキルを高めることが鍵なのです」

ソ連崩壊と米国の経済封鎖の強化によって、キューバは1990年代初めに未曾有の食料危機に直面しました。輸入石油と輸入食料が半減し、化学合成農薬と化学肥料の輸入も8割減。国内の農業生産が半減するなかで、大規模近代農業から都市農業を含めた地域自給型農業に転換しました。

その姿をリアルに映像で追った『コミュニティの力』（日本語版、日本有機農業研究会科学部制作）というDVDがあります。米国のNGOコミュニティ・ソリューションが2004年の取材をもとに06年に制作しました。冒頭の発言は、大学を卒業したばかりで、このDVD制作にかかわった若い女性が、キューバから何を学べるかを問われたときのインタビューの抜粋です。

インターネットでこの記事を読んだとき、サバイバルにはおよそ似つかわしくない若い女性が「罠を仕掛けて動物の肉を得る」と発言していることに、ある種の違和感を覚えました。でも、その後、米国でサバイバルを本気で考える人たちが増えていることを知り、合点がいったのです。

広がるプレッパー

缶詰などで3カ月分の食料をストックし、突然、食料が買えなくなるときに備える。

停電しても困らないように、ソーラー・オーブンを使ったパンの焼き方を学ぶ。

有事の際に緊急避難できるように、自動車のトランクに食料や医薬品を備え、キャッシュを常に肌身離さず、スーツケースを身近に置く。

準備を意味する英単語「プリペア(prepare)」から、こうした人びとは「プレッパー(prepper)」と呼ばれています。

もともと米国にはサバイバルの伝統がありますが、かつては男性が中心でした。現在

は、普通の家庭の主婦も参加していますし、もちろん、有機農家や都市のガーデナーたちもプレッパーに該当します。実際、第二次世界大戦中に野菜を育てた「ビクトリーガーデン」や都市菜園はサバイバルの武器として着目され、庭先で鶏を育てることも奨励されているのです。都市菜園は、最北のアラスカ州から西南部のカリフォルニア州に至るまで、全国に多くあります。

プレッパー運動を担うある男性は、高給を得る仕事をリストラされ、いまはトラック運転手。彼は「プレッパーは、昔からあったライフスタイルの見直しにすぎない」と語っていました。

もちろん、プレッパーという言葉でひとくくりにされていても、関心事や想定するリスクは、ちょっとした停電やテロ事件から、サイバー攻撃、犯罪の急増、食料不足、ハリケーン、はては経済崩壊まで、さまざまです。日本で人気の『金持ち父さん貧乏父さん』など一連の金持ち父さんシリーズの著者、ロバート・キヨサキ氏も米国の経済崩壊が近いことを警告し、食料や貴金属をストックするようにすすめています。

プレッパーたちが増えている背景にあるのは、ウォール街でのデモに象徴されるように深刻な格差の広がりです。また、2005年に米国南東部を襲ったハリケーン・カトリーナの被災経験から、惨事が起きても政府は国民を守ってくれないと腹をくくったという事情もありました。

キューバは経済危機では苦しみましたが、防災に関しては政府のかなり手厚いケアが行われています。2008年には、風速300kmを超す大型のグスタフに加えて、アイクとパルマという、カトリーナを上回る大型ハリケーンが3度も襲来。50万戸が被災しましたが、死者はわずか5人に抑えられました。これは、政府が危険地域の住民に対していち早い避難を呼びかけ、1200万国民の4分の1にあたる300万人が避難したおかげです。

一方、アメリカはこうした防災システムが整えられていません。米国人は日本人のように自由にキューバに入国できませんが、情報は得ています。取材の途中にカナダのホテルで出会ったごく普通の米国人が、「うちの国はダメだ。結局、自分で身を守るしかない」とキューバをうらやましがっていました。

そうした事情があるからだと思われますが、1980年に設立されたトレンド研究所が発行している『トレンド・ジャーナル』が2010年のトップ・トレンドにあげたのは「ネオ・サバイバリズム」でした。

旧来の筋金入りのサバイバリストからすれば、プレッパーたちは生ぬるいのかもしれません。とはいえ、彼らが究極的にめざしているのは自給と自立です。それは、脱サラ有機農業を始めるうえで「自立」を基点に据える尾崎零氏（大阪府能勢町）の主張（自立農力）にも通じています。もはや米国では、投資ゲームや資格取得ではなく、普通の庶民が最悪の事態に備えて自衛することが最先端のトレンドとなっているのです。

2　身近に迫るリスク

不安の正体を知る

　地震活動期に入った日本列島、気候変動による異常気象や台風災害の増加、いまだに解決の方向性すらみえない原発事故、TPP（環太平洋経済連携協定）への参加表明、ギリシャに端を発するEUのマネー危機、ドル崩壊の懸念。日本や世界をとりまく状況をみれば、不安要素ばかりで気が滅入ってきます。

　結論から言えば、日本流プレッパーのあり方を考え、実践を始めることが必要です。

　しかし、見えないリスクにただ漠然と怯えていても仕方がありません。モヤモヤした恐怖は、思考回路を中断させます。最悪の事態を想定しつつ、「この程度か」と肝を据え、どこまでこのリスクを軽減できるのか、一つひとつ具体的な手を打っていくしかありません。

　そのためには、不安の正体を見極める必要があります。そこで、農業と食べものに焦点をしぼり、私が想定しているリスクを列挙してみましょう。

ピーク・オイルの懸念

　私たちの豊かな食生活は、全世界の近代農業の高い生産性によって維持されています。現在も世界では約10億人が飢餓で苦しんでいますが、これはあくまでも経済と配分の問題です。豊かな国ぐにが暴食や必要以上の肉食、そして食品の廃棄を止めれば、現在の生産量でも誰もが十分な食を得られ、飢餓は起こりません。

　とはいえ、この高生産力を担保しているのは化学肥料です。たとえば、イギリスの小麦の収量は1haあたり8tですが、化学肥料が登場する以前は2tしかありませんでした。カナダの大学のエネルギー研究者の試算によれば、100年前の生産力では地球全体の自給率は35％しかありません。

　では、この化学肥料は将来ずっと確保できるのでしょうか？　窒素化学肥料の原料は天然ガスや石油です。ところが、石油はまもなく生産量のピークを迎えます。

　ピーク・オイルとは、石油の産出量がピークを迎え、それ以降は減少し続ける頂点のことです。もちろん、沖合の大陸棚のように不便な場所にはまだ石油は残っていますし、オイル・サンド（油成分を多く含む砂岩）から石油を抽出する技術も開発されています。だから、ピーク・オイルを過ぎても直ちに石油が使えなくなるわけではありません。

　しかし、石油を得るには多くの資金や技術が必要です。価格は上昇し、これまでのように潤沢には使えなくなります。そのとき、人類は自動車や飛行機に乗るのを止め、大都市を放棄してまでも、残された貴重な石油を農業にまわす選択をするでしょうか。すなわち、農業問題はエネルギー問題なのです。

　川島博之氏（東京大学准教授）は、著書『「食糧危機」をあおってはいけない』（文藝春秋、2009年）で「窒素肥料の確保には、石油が必要だが、たとえ石油が枯渇しても原発で得ら

れるエネルギーを肥料生産に使える」と述べています。でも、ウランも石油と同様に限りある資源です。いまだに「原子力ムラ」が勢力をもち、脱原発の動きが高まらないであろう日本を除き、欧州を中心に世界的に脱原発の動きは進んでいくでしょう。そのため、化学肥料の原材料となる天然ガスが逼迫するペースが速まることも懸念されます。

ピーク・リンの懸念

窒素と並んで重要な化学肥料であるリン酸の原料であるリン鉱石も、枯渇が予想されています。しかも、リンは他の元素では代替できません。

オーストラリアの大学の専門家は、経済的理由や採掘に必要なエネルギー的な制約のために、リン鉱床が枯渇する時期よりもはるかに早く、20～25年後にはリン鉱石の採掘量はピークに達すると述べています。また、イギリスの土壌協会も2010年の最新リポートで「リン鉱石は以前想定されていたよりも急速に失われ、早ければ2033年には供給が不足して価格が高騰する」と主張しました。

川島説に依拠すれば危機はまだずっと先ですが、20年後にリン肥料の確保が困難となることも、心の片隅においておかなければならないのかもしれません。

食料はいつまで輸入できるのか

日本の食料輸入額は約8兆円です。川島氏は、それは総輸入額の8％にすぎず、経済的に日本が衰退してマレーシアやカンボジアに買い負けし、外国産農産物が買えなくなる事態は起きえないとも述べています。しかし、その主張は、①工業製品が農産物よりも価値が高く、②ドルが安定しているという戦後日本を支えてきたパラダイムが前提です。農学博士の篠原信氏（農林水産省）は、こうした前提は解体しつつあると警告しています。

放射能汚染による日本の工業製品のイメージ・ダウンやドル崩壊から、日本が食料を輸入できなくなる日が来るという想定外の事態が起こらないとは、決して言えません。

石油がなければ
日本人の4割しか生きのびられない

海外から食料や石油が買えなくなったとしたら、日本の国土にはどれだけの人びとを養えるポテンシャルがあるのでしょうか。ビニール・ハウスやカントリーエレベーター（農村部にある米の乾燥貯蔵施設）のように近代農業の高い生産力を支える技術は、石油に依存しています。石油を用いずに収量を高める斬新な技術は、江戸時代以降に開発されてきたのでしょうか。

篠原氏が全国の研究者に確認したところ、その答えは皆無だったそうです。国民の約8割が農民だった江戸時代には、3000万人を養うのが精一杯でした。篠原博士は、石油が利用できなければ、いまのライフスタイルや食べ方を前提にすると、4800万人が限度であろうと推定しています。

3　生産力アップのヒントを伝統農業に探る

生産性より安定性を重視してきた

　私たちが暮らす近代社会のシステムはあまりにも巨大で、ついつい私たちが石油のおかげで食べられているという事実を忘れがちになります。石油やリンが枯渇するアフター・ピーク・オイルの世界をイメージすることすら困難です。

　しかし、つい最近まで、人類はサバイバルそのものの生活を送ってきました。イギリスの大学のある農学者は、人類は誕生以来、35万世代を採集狩猟民として生き、600世代を農民として暮らし、近代農業に依存するようになったのはわずか2世代にすぎないと述べています。

　私たちの先祖は旱魃、洪水、病害虫などに襲われ、飢饉や飢餓と直面しながら、多くのリスクを乗り越えて、生きのびてきました。世界の伝統的農業を調べてみると、いずれも「生産性」を犠牲にしてでも、リスクを回避し、「安定性」や「持続性」を確保できる農法を優先してきたことがわかります。

　人類は地域資源と太陽エネルギーに依拠して、ずっと自給してきました。不作や減収は即、死に直結します。逆に言えば、目先の利益を優先し、リスク回避を軽視した文明は滅び、安定性と持続性を重視した農法だけが生き残ったとも言えるのです。

伝統農業の知恵と近代技術のミックス

　農業が1万年前に始まって以来、旱魃や洪水や天変地異をくぐり抜けてきた伝統農法には、短期間の試験研究から予想もできない、想定外の事態に対処するための膨大な知恵があります。

　たとえばインドでは、稲だけでかつては40万種、いまでも20万種もの品種が存在しています。タミル・ナードゥ州には、ほこりが舞うカラカラに乾いた大地に直接播種できる品種もあれば、1.5mも浸水する土地でもきちんと育ち、船に乗って収穫する品種もあるほどです。

　また、タミル・ナードゥ農科大学が育成した高収量米は、通常の環境では多くの収量をあげられますが、旱魃に見舞われると枯れてしまいます。一方、地元の農民たちは、変動する環境に対応できる多様な品種を育種・選抜し、大切に守り続けてきました。想定外の異常気象でも育つ品種を確保し、餓死しないように準備しているのです。

　私たちの体内にもそのサバイバルの遺伝子が眠っています。しかも、江戸時代に比べれば、現代の技術は格段に進歩しています。たとえ石油が枯渇しても、再生可能エネルギーを利用し、環境にダメージを与えない範囲で、食料を増産することは可能でしょう。

　そこで、伝統農業の知恵と近代技術をミックスした新たな農法を考えてみたいと思います。ただし、農業はとても複雑です。ここでは、生産性の鍵を握る窒素とリンに限って、論じたいと思います。

4　家庭レベルでのサバイバル

ミミズを利用して肥料をつくる

　ダーウィンが着目したミミズは、古くから大切にされてきました。ロシアのチェルノーゼム（ウクライナからシベリア南部の黒土地帯）では、8mもの深さまでミミズの孔があったといわれています。これほど深くまで耕せる農業機械は、いまもありません。

　キューバではミミズを利用した土づくりが行われています。これは、欧米でミミズコンポストとしてよく知られている技術です。ミミズは、一日に体重と同じ量のごみを食べ、良質の糞を排出します。ミミズには数多くの種類があり、もっとも適しているのは魚釣りの餌にするツリミミズ科のシマミミズ（Eisenia fetida）です。

　料理をすれば当然、野菜の屑や果物の皮など多くの生ごみが発生します。それが格好のエサになるわけです。もちろん生き物ですから、温度10〜20℃、水分75％程度と、ミミズが好む生育環境を整える必要はあります。

　生ごみを直接入れると水分量が多すぎるため、切った新聞紙を混ぜて水分を調整したりする工夫は必要です。でも、上手に管理すれば悪臭もハエも発生しません。マンションやアパートでも、わずかのスペースで、家庭をミミズ堆肥製造工場にできます。生ごみをまったく出さずに、ミミズを利用して貴重な肥料が無料で手に入るのです。

小動物を使って残飯を卵や肉に変える

　キューバでは残渣を利用して、ウサギやギニア・ピッグ（モルモット）を屋上で飼育している家庭があります。トイレで豚を飼育している家庭もあるそうです。日本では豚はとても無理ですが、ウサギやモルモットなら飼えるでしょう。

　ニワトリも便利です。朝の鳴き声が近所迷惑になるという心配があるかもしれませんが、残渣を卵というタンパク質に替えてくれます。もっとも、現在の食生活は肉の摂取量が過剰です。米国人のように、1年に100kgも肉を食べる必要はありません。

　92ページで紹介したカナダのエネルギー研究者は多くの過去の統計データをもとに、肉をあまり食べないアジア型食生活が理想だと述べています。インドが国土面積の割に多くの人口を養えているのも、食事から摂るおもなタンパク質が肉ではなく、豆や牛乳だからです。

ハバナ市セロ区にある屋上のウサギ農場。ネルソン・アバレ氏は、近所の生ごみや直売所の有機廃棄物を利用して300羽のウサギを育てている。

オルガノポニコをつくる

　経済危機に瀕したキューバでは、コンクリートに覆われた駐車場やごみ捨て場となっていた空き地を片付け、人工農地をつくり出しました。これは「オルガノポニコ」と呼ばれています。オルガノポニコは、石、コンクリートの瓦礫（がれき）、トタン、木枠などでベッドをつくり、土壌を持ち込んで、集約的に有機農法で野菜を栽培するシステムです。アメリカのサバイバル・マニュアルにも、紹介されています。

　また、キューバでは1990年代の食料危機の際に、オーストラリアのパーマカルチャーグループが支援をしたこともあって、都市内でさまざまなパーマカルチャーも試みられてきました。パーマカルチャーとは、英語のパーマネント（永久）とアグリカルチャー（農業）を組み合わせた造語で、1970年代にオーストラリアで開発された環境のデザイン方法です。

　このパーマカルチャーのアイデアを利用すると、狭い空間を活用でき、意外な場所で野菜や果物が栽培できます。たとえば、キューバではペットボトルに土を入れて植物を育てたり、屋上に置いたドラム缶の上でグァバを栽培したり、半分に切ったドラム缶に土を入れて野菜を栽培したりしています。日本でも、空き地を利用して、キューバ流の人工菜園をつくってみませんか。

　日本では、農地法という法律で、農家ではない非農業者が農地を所有したり借り入れたりして農業を始められない仕組みが定められています。しかし、農地法は、既存農地の所有権移転と新たな借り入れについて定めているだけで、農地の開発や保有自体を規制しているわけではありません。

　キューバでは、非農家が都会の駐車場のアスファルトをはがしてオルガノポニコを造成して農地化し、その農地を保有します。そうした行為は、農地法でも規制されていません。というよりも、農地法はそういうケースをもともと想定していないのです。

ハバナ市の中心部、セントロ・アバナ区内の住宅の屋上。写真のグァバをはじめとする果樹やさまざまな野菜が屋上で栽培されている。

オルギン州オルギン市内のオルガノポニコ。地元の高校生が授業で農業体験学習を行っている。

5 地域レベルでのサバイバル

地域レベルで養分を循環する

次に地域やコミュニティ・レベルで取り組めることをみていきましょう。家庭菜園と同じく、肥料源である養分の循環が大切です。里山や田畑があれば、農業生態系内での循環の輪は格段に広げられます。

モノカルチャーの近代農業では、作物が栽培されない時期の農地には何も植えられていません。むき出しの土地から、貴重な土壌が風で吹き飛ばされていきます。窒素養分を吸収する作物もありません。雨が降れば、地下に浸透して表面からは失われてしまいます。

カナダの研究者が地球の自給率を35％（←92ページ）と計算したのも、窒素の利用効率が悪いからです。また、肥料として投下されたリンも、ほとんどは海洋に流出して海洋を富栄養化させています。したがって、農地から失われる養分を少なくできれば、農地の生産性を格段に上げられるはずです。

そうした方法のひとつが、古代アステカ帝国（現在のメキシコ）で発達したチナンパス農法。湿地に高い畝をつくり、そこで集約的な輪作を行い、周囲に流失した養分を濠から農地に循環させるという、高度なリサイクル農法です。

スペイン人たちが16世紀にやってきたとき、首都テノチティトラン（現在のメキシコシティ）では20万〜30万人を養っていました。形態はキューバのオルガノポニコとよく似ており、リサイクルの伝統は古くからあったことがわかります。

ちなみに、ヨーロッパやオーストラリアでは、枯渇するリンを人糞尿からリサイクルさせる研究が本格的に始まりました。

窒素についても、ニームを活かした興味深い研究があります。ニームはインド原産の常緑樹です。人体には無害で、虫には有害な成分を種子に含んでいるため、自然農薬として開発途上国を中心に各国で活用されています。農薬が手に入らなくなったキューバも、苗から100万本のニームを育て、化学合成農薬の代用としています。ただし、日本では、「薬効が確認されない」という理由で、農薬登録されておらず、特定農薬にも指定されていません。土壌改良剤とか植物活性剤という名目で販売されています。

インドのニーム財団では、このニームを農薬ではなく肥料として使い、稲の収量が35％も上がったという研究を発表しました。窒素肥料成分がそれほど含まれていないのに、なぜこれだけの成果があるのでしょうか。

窒素は、窒素固定菌の働きで空中から固定されます。通常ならば、脱窒作用によって得られた窒素の一部は失われますが、ニームによって脱窒菌の働きが抑えられ、窒素の減少量が30〜35％も少なくなったためです。自然の生態系では、投入した窒素肥料のうち稲に利用されない分は脱窒菌の働きで窒素ガスとして失われます。水田に水質浄化作用があるのはこのためですが、肥料からみれば大変なロスなのです。

この研究をもとに、スリランカでもニームを用いて新たな不耕起農法が開発されました。その結果、脱窒作用が減り、収量がアップしています。

自然生態系を模倣した立体農業で空間を高度利用

　面積あたりの食料生産量を増やすもうひとつの方法は、空間の立体的な活用です。海外のトウモロコシ畑や小麦畑、日本の水田やキャベツ畑のように、近代農業では大半の場合、一種類の作物しか栽培していません。これは、播種、管理、収穫などの作業効率を上げるためです。しかし、多くの伝統農業では、複数の作物を一緒に栽培する間作や混作を行ってきました。

　米国のアグロエコロジー（農生態学）の専門家は、メキシコでトウモロコシ、カボチャ、豆を混作すると、トウモロコシの単作に比べて、1.7倍の収量が得られると述べています。収量が増えると、実だけではなく食用にならない葉や茎の部分も増えますが、これらを土に鋤き込めば有機肥料になります。

　トウモロコシの下で豆を育てると全体の収量が増えるのには、理由があります。トウモロコシが高く生育するまでは畑に光があたるので、豆も育ちます。水や養分はどちらも必要としますが、トウモロコシと豆では根の深さや必要とする養分が違うので、実際には、あまり競合しません。その結果、土壌中に含まれる養分が雨で流亡せず、効率よく両方に利用されるのです。

　こうした空間利用を、さらに進めてみましょう。草原の生態系では、降雨量が少ないために多くの作物が通年は生育できません。そこで、麦が雨の降る時期に急速に育ち、子孫のために大きな種子を残して枯れます。一方、日本の気候条件の自然植生は森林で、その生態系は空間を無駄にしません。木々の下にも、わずかな木漏れ日を利用して育つ笹やシダがあり、水も光も養分もあますところなく活用されてきました。

　この森林生態系を模倣した農法が、アグロフォレストリーです。たとえばタンザニアのチャガ族の菜園では、高さ20ｍのココヤシやマンゴー、パンノキの下に、高さ12～15ｍのパパイヤやバナナを育て、さらにその下層ではキャッサバやパイナップルやタロイモなどを育てています。

　また、森林を伐採して切り開いた畑は、自然の遷移で徐々に灌木や低木が侵入して森林に戻っていきます。その間も放置するのではなく、そこに生える竹などを活用していくインドネシアのケブン・タルンも、アグロフォレストリーのひとつです。同様に、日本の里山もアグロフォレストリーと言えます。そこでは、ナラやクヌギだけでなく、食べられる果樹を組み入れた森林生態系も工夫されてよいでしょう。

自然生態系を模倣し水田空間を高度利用

　草原生態系から生まれた麦に対して、湿地生態系から誕生した作物が稲です。水田で

も、すべての光エネルギーのうち稲に活用されるのはわずか1％にすぎません。それ以外のエネルギーは、水草などの雑草やプランクトンに使われます。

光エネルギーをあますところなく利用したのが、稲田養魚です。これは中国をはじめアジアの多くの水田に見られる農法で、深水にして、稲と同時に鯉やハクレン、草魚などを飼育します。魚は水田の雑草や稲の害虫を食べて育ち、同時にその糞が肥料となります。稲しか育てないモノカルチャーの水田に魚という生物を組み込むことで、その養分が効果的に活用されるわけです。

そうした水田の副産物のひとつが魚醤（ナンプラー、ニョクナム）です。そのルーツは古く、中国の醤油も前漢（紀元前202〜後8）以前には肉や魚を原料に作られていたと言われています。

また、麦類に家畜を組み合わせた有畜複合農法は、稲がない生態系から誕生した有機農法です。有機農法の父とされるイギリスのアルバート・ハワード卿が有機農法を編み出したインドのマディヤ・プラデーシュ州は稲作が盛んですが、彼は水田には着目しなかったのかもしれません。

麦・家畜と輪作・堆肥という有機農法の体系は、水田がないヨーロッパやインドに適した農法です。水田・魚と連作・焼畑（里山）という体系が、日本を含めた東アジアに適した農法と言えるのではないでしょうか。

6　現場での実験を重視する

農民の研究や実験への参加

20世紀の農学は、リービッヒというドイツの科学者が提唱した実験科学から始まっています。現在の大学の農学部や公的試験研究機関の研究も、基本的にはリービッヒのパラダイムに立脚しています。でも、それ以前の農学は実践を重視していました。

分析型の還元主義科学の限界が見えてきたいま、実践を重視した発想への回帰が求められているのではないでしょうか。たとえば、キューバやグァテマラ、ニカラグアなどでは、農民同志と研究者とが協力しあい、圃場（農地）での実験をベースに、地域に適した種子を選抜する農民参加型育種が広まっています。

従来は、研究機関の試験圃場でもっとも優れた品種を選抜し、それを普及機関が優良品種として普及するという方法でした。しかし、農地の環境は場所によって異なります。試験圃場で優れた成果をあげた品種が、農民の圃場でもよい収量をもたらすとは限りません。そこで、いくつかの候補をあげて各地の農民が実際に栽培し、品種の特徴を調べるやり方にシフトしてきているのです。

また、インドネシアで始まった「農民圃場の学校」は、農民自身が水田の昆虫や生態系を調べ、農薬の散布回数を減らすことに大きく寄与しています。

これに対して現在の日本の普及機関では、

試験研究課題を農民とともに決めていくまでには至っていません。

生態系全体を考える

多くの研究者が注目している遺伝子組み換え技術は、単独の作物の性質を改造することで収量を増やすという考え方です。作物が土壌中の微生物や昆虫、あるいは他の植物とどのような相互作用をするのかまでは、考えていません。一方、農民は伝統的に、作物だけに注目せず、生態系全体を考えてきました。

品種改良によって稲の収量を30％アップさせることは不可能でしょう。しかし、稲田養魚のように生態系内に棲む他の生物との相乗効果を活かせば、それが可能です。たとえば、中国各地の試験によると、稲田養漁では平均12％、最高34％も増収しています。しかも、肥料や農薬や除草剤はほとんど使わず、副産物として魚が1haあたり300kgも獲れたそうです。

ただし、稲田養魚にも問題があります。魚はイタチやヘビに食べられるリスクがあるので、漁獲量をより上げるには、隠れるための穴を水田の一部に設けなければなりません。ところが、深い穴を掘ると、今度は魚が穴にじっと潜んでしまいます。その結果、水面近くの水草や昆虫を食べないために、魚が大きくならず、漁獲量が伸びません。

どのような形の、どんな深さの穴がよいのか。気候や場所によって違うノウハウは、一つひとつ実践的なフィールドで確かめていくしかありません。

チャレンジしてみよう

サバイバル農業を目標にすれば、いかに狭い面積で多くの食べられる食料をゲットできるかという方向に、研究も教育も抜本から変わる必要があります。そうした変化は、試験研究機関からだけでは生じません。

また、ここまで紹介してきたのは、日本と風土も気候条件も異なる海外の事例です。こうした技術がすぐに使えるわけではありません。

複雑系である農業生態系をトータルな研究圃場とし、農民が参加しながら、各地域の生態系に適した技術をつくり出していきましょう。実際に農産物を料理するエンド・ユーザーまで巻き込んで、どのような栽培方法が望ましいのかを考えていきましょう。

この本を手に取られた方は、大きな実験に向けた挑戦の動機をすでにもたれていると言えます。こうした実験にこそ、新たなフロンティアが眠っているように思えてなりません。さまざまな実験と実践にチャレンジしてみることが、私たちにこれから求められているのです。

【参考文献】
吉田太郎『地球を救う新世紀農業——アグロエコロジー計画』(筑摩書房、2010年)。
吉田太郎『文明は農業で動く——歴史を変える古代農法の謎』(築地書館、2011年)。

〈コラム2〉
補助金に頼らない地域おこし──鹿屋市やねだん（鹿児島県）

やねだんとは、鹿屋市串良町上小原にある柳谷集落の鹿児島弁の通称です。その公民館の館長に抜擢された豊重哲郎さんが、さまざまなアイディアを出して補助金に頼らない地域おこしを始め、全国から注目されています。

豊重さんは、地域の生き字引であるお年寄りにボランティア活動などの出番をつくり、子どもたちには力を合わせて何かを達成する自信をつけさせようと考えました。そして、集落の人たちを巻き込んで、荒れた町有地を地域の拠点となる公園に変えたり、遊休地にサツマイモを植えてオリジナル焼酎を開発したりと大忙しの毎日です。なにより評価されているのが、館長の「感動」を原点におくリーダーシップ。名前と顔が一致する関係づくりが住民の参画意識を高め、全国から移住者が集まるようになりました。

地域活性化のキーマンは、ヨソ者、バカ者、若者と言われます。やねだんは、そのショーケースといえるでしょう。たとえば、空き家を迎賓館として蘇らせて全国から「芸術家」を招き入れ、その活気が故郷で子育てをしたい若い世代のUターンを誘発。2007年には「あしたのまち・くらしづくり活動賞」で内閣総理大臣賞を受賞しました。東日本大震災の直後には、福島県からの避難者を住民総出で受け入れ、入居を手伝ったそうです。

3泊4日の合宿を現地で行う柳谷町内会主催の「やねだん故郷創生塾」が、毎年定期的に行われています。その塾生に志願するのが、「やねだん魂」を学ぶ近道にちがいありません。

〈コラム3〉
3割が新規移住者──色川地区（和歌山県那智勝浦町）

那智の滝の西側に位置する色川地区は、1000年以上の歴史を有し、平家の落人伝説も残る、自然に恵まれた山村です。有機農業をめざしたひとりのよそ者が住み着いたのがきっかけとなって、1970年代から数多くの移住希望者を受け入れてきました。店舗はよろずやが1軒しかない陸の孤島にもかかわらず、人とのつながりを求めて、移住希望者が後を絶ちません。地区人口の3割が新規移住者です。

先人たちが長い年月をかけて築き上げてきた棚田、その周辺に広がる里山、そしてその奥の大木が林立する奥山。そこには、循環型社会が織り成す成熟した山里文化が継承されてきました。

いまは地域地域振興推進委員会（会長は兵庫県明石市出身の原和男さん）が中心になって、Iターン者の受け入れを行っています。色川訪問、2泊3日の色川体験、4泊5日の定住訪問などのプログラムが用意され、徐々に地域と生活を知ってもらうのが特徴です。そこには、地域の「これまで」の世界をしっかりと見つめ、「これから」の世界を見定めていこうとする、仲間づくりの思いがこめられています。

林業と山間部の段々畑や棚田での有機農業以外、産業はありません。でも、子どもを育てる素晴らしい環境や、都会では得られない心豊かな生活が、あなたを待っているでしょう。

〈西村ユタカ〉

エピローグ
本当の豊かさと幸せを取り戻そう

金子美登

1　枯死寸前の「切り花国家・日本」

　一国を大きな木にたとえるなら、地上部の枝や葉に相当するのが工業・都市、地中の根っ子に相当するのが農業・農村です。先進国と呼ばれる国はいずれも、根っ子に相当する農業・農村を大事にしてきました。大きな災害や国際間の非常事態が起こったとしても、盤石な生存基盤を確保しています。

　一方、3.11以降の日本の未曾有の状況を農業・農村の現場から見ると、枯死寸前の「切り花国家」です。

　根っ子を切り取った花の部分のみの経済が語られ、ライフラインの中核をなす食・エネルギー・環境という人間の生活にとってなくてはならない視点が、まったく欠落しています。日本の再生と活性化は、一見すると遠まわりのようでも、有機農業を中心とした農業・農村の活性化、地域の活性化、根っ子の再生なしにはあり得ません。

2　有機農業を広げる

有機農業の誕生

　1971年10月に日本有機農業研究会が設立され、日本に有機農業という言葉が誕生しました。私たちが有機農業の父と呼ぶ故・一楽照雄氏は、農業協同組合運動に尽力してきた方です。巨大化して経営中心主義となり、農民のものでなくなりつつある農協を批判し続けながら、自立と協同を基軸とした本来の協同組合の相互扶助精神を信じ続けました。

　一楽氏は日本有機農業研究会の設立に際して、近代農業に対する自己批判と反省とともに、化学肥料と農薬に依存した大規模な無機的農業を有機的なものに大きく揺り戻そうと考えます。そして、北海道の開拓者であり、雪印乳業や酪農学園大学の創始者でもある黒沢酉蔵氏を訪ね、次のような示唆を受けて、有機農業と命名したのです。

　「農業は、工業とは根本的に違う。漢書に『天地機有り』と書かれている。機とは大自然の運行のことで、農業は自然の大地に合致した法則のもとで努力するものだ」

　そして、一楽氏が苦労して書いた「結成趣意書」には、こう述べられています。

　「本来農業は、経済外の面からも考慮する

ことが必要であり、人間の健康や民族の存亡という観点が、経済的見地に優先しなければならない。(中略)そのためにもまず、食物の生産者である農業者が、自らの農法を改善しながら消費者にその覚醒を呼びかけることこそ何よりも必要である」

これは、経済合理主義の視点では見出されなかった将来への明るい展望が開かれる有機農業による世直しこそが、自然と人間が調和した新しい社会をつくるという主張です。

新たな時代の幕開けと小さな自給区

1970年代初頭は激動の時代でした。71年のニクソン・ショックを契機に主要通貨が変動レート制に移行します。

しかし、それをはるかに越える重大なメッセージを発したのが、イタリアのシンクタンク・ローマクラブのレポート「成長の限界」でした。当時の日本は高度経済成長時代ですが、こうした成長の結果として起こるのは、資源枯渇、食糧不足、環境汚染などの「人類の危機」であると警鐘を鳴らしたのです。

私はこれを読んで、やがてなくなる化石燃料や鉱物資源に依存し、公害問題を避けて通れない工業化社会に代わる、身近な資源を活かした永続循環する農的世界の新たな幕開けを予感しました。

日本の有機農業運動は、生産者と消費者の直接提携という形で始まります。わが霜里農場でも1975年4月、田んぼと畑あわせて2haで、主食の米を基本に、時代のどんな変化にも対応できる自給区をめざして、提携を開始しました。1戸の農家が10軒の消費者を支える会費制自給農場です。

食べものは単なる商品ではありません。いのちを支える糧であり、大地の芸術作品です。私は農産物を商品にしたくなかった。やがて訪れるであろう食糧危機に備えて、小さな自給モデルをつくるという志をもって、青春をたたきつけて取り組みました。

その後1981年には、30軒の消費者との提携関係に発展し、大地に根を張って生きていける自信が生まれます。自給の延長上に、消費者に有機農産物を定期的に届ける。その見返りに謝礼をいただく。その額は消費者が決める。こうしたお礼制自給農場は、実践を続ければ続けるほど、甘えのない親戚関係、開かれた家族のような共同体へと進化していきます。そして、金銭を超えた、都市と農村の有機的人間関係へと発展するという手ごたえを感じました。私はこうした関係を小利大安の世界と表現しています。

食糧危機は1993年に起こりました。100年に一度という大冷害に見舞われたのです。米の作況指数は74でした。

不作を予感した夏、私は小麦の種子を用意して、空いている田畑に播種。翌年3月はジャガイモ、5月中旬～6月上旬にはサツマイモの苗をたくさん植え付けました。こうして、減収した米の代わりに、小麦粉、ジャガイモ、サツマイモを消費者に届けることができました。「平成の米騒動」とも呼ばれた非常時にも、動揺することなく有機農業で自給できたのです。

有機種苗の交換と生物多様性の回復

　1982年からは、関東地方の有機農業者を中心に種苗交換会を開催しました。有機農業に適した在来品種を自家採種して、交換する場です。明治時代のなかばまでは、農民自身がすべて選抜して自家採種してきました。これは、種子の問題を考えるとき、もっとも大事な視点です。そして、こうした在来種や固定種、あるいは「ふるさと野菜」は農薬や化学肥料のない時代のもので、有機農業向きの品種が多くあります。

　私たちの目標は、各農家の自慢の種子を数品種ずつ自家採取し、一地域50戸程度の農家で、各地に有機種苗の交換の場をつくること。それは生物多様性の回復であり、農民の自立にもつながる重要な農の営みです。

　有機農業を始めて16年目に当たる1987年には、下里集落(通常「ムラ」と呼んでいる)で、ヘリコプターによる水田への農薬の空中散布中止がようやく実現しました。生物多様性を回復するためには、空中散布の中止が最大の課題です。物理的には、「うちの田んぼには散布しないでください」と言えば止められます。しかし、ムラの輪をこわさずに中止するには、有機栽培の稲の出来ばえを見て納得してもらうしかありません。そのために、コツコツと実績を積み重ねてきました。

　米の輸入自由化が話題にのぼり出したこの年、これ以上は先延ばしできないと私は覚悟を決めます。そして、町役場と農協の担当者にムラでの空中散布中止をお願いすると、翌日ムラの役員が大挙してやって来ました。

　「中止すれば病害虫が多発するから、空中散布を続けてくれ」

　それでも丁寧にムラの農家組合長に中止のお願いをすると、町役場の担当者から「では集落の耕作者で決めてほしい」と言われました。こうして農業改良普及所(現在の農業改良普及センター)の専門員が同席するなか、ムラの集会所で長時間の話し合いの結果、ついに空中散布の中止が実現します。当時は空中散布の最盛期。中止にどれほどのエネルギーが必要だったかは多言を要しないでしょう。

　ムラは大揺れとなりましたが、生物多様性豊かな環境づくりのスタートを切る年となりました。しかも、農業者たちの心配をよそに、病害虫は多発しなかったのです。

　私はあるとき、「金子さん、空中散布を中止してくださり、本当にありがとうございました」という心からのお礼を言われました。早朝の散布後に子どもたちを学校に送り出すお母さんからです。

　それから四半世紀を経て、ムラをとりまく環境は、益虫、害虫、ただの虫がバランスよく生息する、まさに生物多様性を育む場として、復元しつつあります。

エネルギーの自給

　食べものの自給の次は、エネルギーの自給という夢をいだいてきました。身近にある資源を利用して着手したのは1994年からです。乳牛2頭の糞尿を資源にしたバイオガス施設を建設し、調理用ガスと液肥をまかなえるよ

うになりました。

1996年からは、トラクターや車のディーゼル燃料の代わりに廃食油を活用していきます。廃食油を化学処理してグリセリン成分を約2割除いたVDF（Vegetable Diesel Fuel）を購入し、燃料に使ってきました。2008年には環境問題の解決を視野に入れてエネルギーの自給に取り組んできた工の匠と出会い、彼の技を借りて遠心分離機を導入。飲食店から回収した廃食油の汚れ成分を取り除き、SVO（Straight Vegetable Oil）としてディーゼル車やトラクターの燃料に使っています（ただし、ラジエーターの熱を使って油を暖めて怙性を下げる熱交換器を取り付ける必要がある）。

将来の目標は、1960年代以降に姿を消してしまった菜の花が咲く美しい風景の復活。菜種油を少しでも自給し、その廃食油をSVOに使うムラづくりです。

また、太陽光発電は、系統連携で住宅、独立系はバッテリーに蓄電して、揚水、牛の放牧、合鴨の獣害防止、遠心分離機の電源として、利用しています。農場に降り注ぐ太陽を最大限に活用しているといえるでしょう。

このように、わが家と農場では、仮にライフラインが断たれたとしても、食べものもエネルギーも水も手の届くところにあります。依存から脱却した有機農業は自給・自立の世界であり、同時に限りなく永続循環する農の世界です。

農の後継者を育てる

1979年から1年も途切れることなく、研修生を受け入れてきました。理念なき農政と貧困な国政のなかで、自信と誇りをもって農業を継ぐ後継者はほとんどいなくなると考えたからです。

食べものは、おもちゃやアクセサリーとは違います。一日たりとも、なくてはなりません。多くの農家の子弟が農業を継承しないのであれば、農の後継者を育てなければならないと痛感しました。

当初は教えるより一緒に勉強しようと考えて、年間1人ずつ受け入れてきました。1期生は千葉県佐倉市の林重孝氏。いまでは有機農業、とりわけ種苗交換では日本のリーダー格です。21世紀に入ってからは研修希望者が多く、毎年6〜8名をお預かりしています。

予期していたとおり、研修生の多くは学歴が高く、ほとんどは非農家出身です。日本農業を転換する起爆剤の役割は、彼らが果たすでしょう。

地域の付き合いから始まり、土づくり、米・野菜作り、家畜の管理、そして販売能力を身につけるために、30年以上の歳月にわたって、寝食をともにし、実践と理論を車の両輪として成長する百姓の養成をめざしてきました。結果的には学校だったと言える霜里農場の卒業生は、北は北海道から南は沖縄にまで広がり、100名を大きく越えています。都市近郊での就農、過疎地に農地を取得しての就農、半農半Xによる有機農業の実践……。各地で農業・農村・地域の再建のために、その中心となっている多くの卒業生の存在は、私にとって何よりもうれしいことです。

3 内発的発展のムラおこし

地場産業との連携

　私はもともと、下里集落の農家と一緒になって、地域がよくなる内発的発展のムラおこしを目標にしてきました。その意味で、研修生を経て下里集落で有機農業を始めた河村岳志氏と「地場産業研究会」を結成した1987年のことは、忘れられません。有機農業と地場産業が連携し、それを消費者が支える内発的発展の小さな炎を灯したからです。

　この年の有機栽培米が小川町内の造り酒屋・晴雲酒造で仕込まれ、翌年に「おがわの自然酒」が誕生しました。何にもましてありがたかったのは、中山雅史社長が「金子さんたちの試みをとにかく応援したかった」と、酒造好適米である山田錦の当時の買い取り価格1kg 550円より高い1kg 600円で有機米を買い支えてくれたことです。有機農業支援の先駆けとも言える晴雲酒造との出会いは、私たちに有機農業を広げる力と勇気を与えてくれました。

　同じ1988年、おがわの自然酒の評判にヒントを得た町内の小川精麦が、私たちの有機小麦を石臼で粉にして、乾しうどん「石臼挽き地粉めん」を製品化。さらに1994年には、自前の有機小麦と有機大豆で、近隣のヤマキ醸造から三年醸造の生醤油「夢の山里」が世に出ます。

ムラが動いた

　そして、有機農業を始めて30年目の2001年、ついにムラが動きました。集落の機械化組合長であり17歳先輩の安藤郁夫さんが「これからは金子さんたちと足並みをそろえてやっていきたい」とあいさつに来られたのが、大きな転換点となったのです。後に安藤さんは、こう述懐されました。

　「とにかく勇気がいった。しかし、金子さんたちのほうが(作物の)出来がいい。若い人たちが楽しそうにやっているし、高く売っている。小さなムラは将来この方向でいくしかないと頭を下げに行ったんだよ」

　大豆の有機栽培からスタートしたこの2001年は、一定の面積をまとめて栽培すると国からの交付金が支払われる制度(産地づくり交付金)が始まった年でもあります。この大豆は、すでにつながりがあった隣の都幾川村(現・ときがわ町)のとうふ工房わたなべに全量、即金・再生産可能価格で引き取られました。2003年には大豆に続き、小麦の集団栽培が始まります。この小麦はヤマキ醸造が全量買い支えてくれました。

　ムラ全体が有機農業に転換する先導役は、実質的リーダーの安藤さんです。「金子さんのまねはできないけど、俺のまねだったらみんなもすると思った」と言うように、常に1〜2年早く有機栽培の大豆、小麦、稲作りの見本を仲間に示し、高値で売れていることを話しました。予想どおり2007年には、安藤さんをまねてムラの大半が有機稲作に転換し

ます。秋に収穫された米1.8 tを全量買い上げたのは、東京・銀座の自然食レストランです。

2008年は、ムラで米を販売している農家2戸を除いた全戸が有機稲作に転換しました。10月には3.6 tが収穫され、出荷を待っていたところ、11月に入って自然食レストランから電話がかかってきました。

「リーマンショックの影響で急遽、レストランを閉めることになりました。今年の米は買い上げられません」

下里有機モデルの実現

さて、3.6 tの米をどうするか。年末年始、気の休まることもなく引き取り先を当たりましたが、見つかりません。

年が明けた2009年1月10日、2カ月に一度開催している霜里農場見学会に、私の知人の誘いでリフォーム会社OKUTA（本社さいたま市）の山本拓巳社長が参加しました。OKUTAは無垢材や珪藻土などの自然素材を使う、環境と健康に配慮したリフォーム会社です。視察後にお誘いしたお茶飲み会で、私は有機米の話をしました。

すると、話を聞くや否や即断で「その米を社員のために全量買いたい」と申し出てくれたのです。祈るように願っていたことが実現した、忘れ得ない年明けでした。後日、話を聞いて納得したのですが、「社長の仕事は、価値ある職と健康を支える食を社員のために守り、100年経営を実践すること」というのが持論だそうです。

OKUTAは2カ月後の3月に、3.6 tの有機米を即金で全量買い上げました。そして、希望する社員の給料の一部を米で払う企業版CSA（Community Supported Agriculture：地域で支える農業）とも言える「こめまめプロジェクト」をスタート。2008年産米の宅配が始まりました。

これを知ると、残る2戸の農家も有機稲作への転換を決意。ついに、集落の農家15戸すべてが有機農業に転換する、記念すべき年となりました。おそらく日本初でしょう。私が有機農業の灯をともして38年、夢はかなったのです。

2010年産の下里有機米は4.4tに増えました。希望する社員への販売価格は5kg 2600円、給料から差し引かれます。生産者の手取り価格は1kg 400円、1俵(60kg)に換算して2万4000円ですから、通常の2倍以上です。

こうして、地域の有機農業を支援し、持続可能な農業・農村を再生する、下里有機モデルが実現しました。この誕生は、時間軸の違うまちとムラ、企業と有機農家をつないだ、都市側の大和田順子氏（←第6章の執筆者）と農村側の高橋優子氏という、二人の農商工連携コーディネーターの存在なしにはあり得ません。新たな時代を切り開いた、双方の通訳者との出会いに深く感謝しています。

里山の再生

私の次なる夢は、里山の再生です。私たちの先輩は第二次世界大戦後、公園のように手入れが行き届いた里山の雑木林を伐採し、国

の支援のもとに針葉樹を密植造林しました。戦争で焼失した住宅を復興するためです。間伐材も足場材として売れると、当時は言われました。しかし、それは単管パイプや輸入材にとって代わられ、多くの針葉樹林は放置され、日も入らず、下草も生えません。

　大量に降った雨は一気に岩盤まで浸透し、土砂崩れを起こします。山があるから危険な状態とさえ言えるでしょう。

　いま国をあげて石油があるうちに取り組むべきは、戦後の造林の逆です。荒廃した針葉樹林を伐採・整理して、落葉広葉樹に植え替え、紅葉が点在する風景を創造するのです。とくに、栗、栃、イチョウなど食べられる実がなる樹を植えるべきだと思います。

　こうした広葉樹が生きづくまでに必要なのは、斜面の山林をくまなく歩いて手入れをする、「平成の里山刈援隊」です。下里集落では、高齢化で手が入らなくなった田畑、畦や道路の草刈りをボランティアで行う「刈援隊」が発足しました。国レベルでの里山刈援隊の組織化が望まれるところです。

　やがて、里山に再び鳥たちが翼を広げて飛び交い、手ですくって水が飲めるような清流が復活し、植栽した樹木が成木となり、それらの果実が河原の石のごとくあふれるとき、人間も動物もいきいきとした生を実感するでしょう。そこに猪や鹿が戻り、自然放牧の獣肉にもありつけるでしょう。

　里山の再生は、植物、家畜、人間の健康を支える水、ミネラル、腐植の源である森、川、田んぼ、海の再生でもあります。

4　新しい文化の創造

耕す土の文化の交換

　有機農業を地球レベルで見ると、同時代史として始まり、広がっていることがわかります。私自身、これだけの世界的な拡大は予想していませんでした。これまで霜里農場には、40カ国から100名を越える研修生が訪れています。世界中とつながるのが有機農業の世界です。

　そこには、二つの広がり方があります。先進国では、農薬や化学肥料の大量使用への自己批判と反省に基づいた有機農業への転換です。これに対して途上国では、農薬や化学肥料を買うお金もない状況のなかで、豊かに自給・自立するための有機農業です。お互いの立場は違っても、有機農業という共通の土俵でいい汗を流しながら交流し、有機的な人間関係でつながっています。

　海という国境をもつ日本では、こうした人びと同士の交流が決定的に欠落してきました。下からのコツコツとした積み重ねなしに、世界の平和はあり得ません。霜里農場が有機農業を志す各国の若者を積極的に受け入れるのは、それを痛感しているからです。

　土を軸とした自然循環のなかで、対等・平等の関係で学び合う。

　他国を従属・収奪することなく、それぞれの風土を活かして、豊かに自給・自立する。

　持続的で安心できる、人間らしい生活を送る。

そこに、各国固有の文化が開花すると確信します。新たな時代を、それぞれの国の「耕す土の文化」を交流できる場にしましょう。

生命(いのち)の論理に基づくまちとむらのつながり

日本で生まれた、生産者と消費者の顔と暮らしが見える有機的人間関係を大切にした有機農業による「提携(TEIKEI)」。それは、日本が世界に唯一誇れる言葉と言えるでしょう。その理念は各国に広がり、直接提携方式を取り入れた国は40カ国にものぼると言われます。英語のCSA、フランス語のAMAP、ポルトガル語のPeciproco。これらは、いずれも地域が支える地域のための農業をめざしています。

2004年には、都市と農村を草の根の市民運動で結び、小規模ながら独自の持続可能な経済をつくろうと呼びかける「URGENCI」(Urban-Rural Generating New Commitments between Citizens：まちとむらの新しい連帯＝産消提携国際ネットワーク)が設立されました。①互助の精神のもとで環境を保全し、生物多様性を大切にする農業支援、②小規模農家の自立支援、③安心できる食の確保と地域経済の安定、④都市と農村の理想的な協力関係のあり方などを模索する国際的なネットワークです。

その4回目の国際シンポジウムが2010年2月に、神戸市で開催されました。日本という小さな島で自然発生的に始まった生産者と消費者の提携が世界に広がり、さまざまに磨かれ、あるいは批判も受けつつ、21世紀のインターナショナルな農業とコミュニティの理想的なあり方として、日本に帰ってきたのです。海外15カ国・50名を含む800名の参加のもとに行われたシンポジウムで、世界共通の流れとして私に見えてきたものがあります。それは、資本主義・共産主義を問わず、産業社会を超えた資本の論理から生命(いのち)の論理への大転換にほかなりません。

別の表現をするなら、生命(いのち)が見えない都市や工業という利益追求の文明からの脱出です。工業化を極端に進めた結果、東京電力福島第1原子力発電所の大事故が起きました。自然の設計図ではなく、人間の計算上での設計図によって自然を開発する(開き発(あば)く)DNA文明も、同様な問題を内包しています。

それに対して、耕す土の文化を基本とした新しい文化を創造する太い流れが生まれつつあると実感しました。それは、生命(いのち)がめぐる農業・農村という文化を土台にして、まちとむらが新たなコミュニティや共同体の復権をめざすものです。その過程で、人間の疎外を乗り越える有縁社会を回復し、生物多様性を保全し、地域の活性化を図りつつ、人びとは農力をアップさせ、誇りと生きがいを体感していきます。こうして、本当に豊かで幸せな世界が、農業・農村という文化の岩盤にしっかりと根をおろしていくでしょう。

私たちはこれからも、洗練されて日本に戻ってきたインターナショナルな提携に素直に学び、発展させ、有機農業の実践による産消提携と共同体の回復という静かな世直しに向け、自信をもって実践を続けていきます。

農力検定 基礎編 模擬テスト

【問題】

Q1 農産物ではないものは？
- □ Ⓐ キクラゲ
- □ Ⓑ オカヒジキ
- □ Ⓒ 寒天
- □ Ⓓ コンニャク

Q2 畑を耕すために使う道具は？
- □ Ⓐ 鍬(くわ)
- □ Ⓑ 鋸(のこぎり)
- □ Ⓒ 鎌(かま)
- □ Ⓓ 鉈(なた)

Q3 肥料の3大要素と呼ばれないものは？
- □ Ⓐ リン酸
- □ Ⓑ 窒素
- □ Ⓒ 水
- □ Ⓓ カリウム

Q4 大豆からできないものは何？
- □ Ⓐ 豆苗(とうみょう)
- □ Ⓑ もやし
- □ Ⓒ 高野豆腐
- □ Ⓓ 枝豆

Q5 畑に作付けするときに畝をたてる(土を凸型に盛る)のは、なぜ？
- □ Ⓐ モグラの侵入を防ぐ
- □ Ⓑ 水はけをよくする
- □ Ⓒ アリの巣作りを防ぐ
- □ Ⓓ 日当たりをよくする

Q6 畑の地面を黒いビニール(マルチ)で覆うのは、何のため？
- □ Ⓐ 土が風で飛ばされるのを防ぐ
- □ Ⓑ 苗が雨で流されるのを防ぐ
- □ Ⓒ 土の中の雑菌の繁殖を防ぐ
- □ Ⓓ 土から雑草が生えるのを防ぐ

Q7 食用に適さない草はどれ？
- □ Ⓐ スギナ
- □ Ⓑ 京菜
- □ Ⓒ カラシナ
- □ Ⓓ スズナ

Q8 ピーナッツはどこになる？
- □ Ⓐ 地中
- □ Ⓑ 地面
- □ Ⓒ 弦(つる)の先
- □ Ⓓ 枝の根元

Q9 五穀と呼ばれないものはどれ？
- ☐ Ⓐ 豆
- ☐ Ⓑ 米
- ☐ Ⓒ 粟(あわ)
- ☐ Ⓓ 芋

Q10 夏が旬の野菜はどれ？
- ☐ Ⓐ ウド
- ☐ Ⓑ セリ
- ☐ Ⓒ レンコン
- ☐ Ⓓ ミョウガ

Q11 村八分でも助けてもらえるのはどんなとき？
- ☐ Ⓐ 水害
- ☐ Ⓑ 病気
- ☐ Ⓒ 火事
- ☐ Ⓓ 出産

Q12 1反とはどのくらいの広さ？
- ☐ Ⓐ 約330m²
- ☐ Ⓑ 約1 a
- ☐ Ⓒ 約1000m²
- ☐ Ⓓ 約1 km²

Q13 コンパニオンプランツとは何を指す？
- ☐ Ⓐ よい香りがするハーブ
- ☐ Ⓑ 虫を引き寄せる植物
- ☐ Ⓒ 害虫を寄せ付けない植物
- ☐ Ⓓ ハーブの寄せ植え

Q14 土の団粒構造とはどんな状態？
- ☐ Ⓐ よく耕して空気を含んだ状態
- ☐ Ⓑ 耕し方が不十分で、土がダマになっている状態
- ☐ Ⓒ 微生物が増えて、土が肥えた状態
- ☐ Ⓓ 化学肥料が適度に混ざり合った状態

Q15 わざと種を多めに播いて、後から間引くのはなぜ？
- ☐ Ⓐ 間引き菜も楽しむため
- ☐ Ⓑ 密植によって暖かさが保てるため
- ☐ Ⓒ 苗同士が競い合って元気に育つため
- ☐ Ⓓ 生えそろわないと見た目が悪いため

Q16 ジャガイモの収穫は、種イモの何倍程度が見込める？
- ☐ Ⓐ 5倍
- ☐ Ⓑ 10倍
- ☐ Ⓒ 20倍
- ☐ Ⓓ 50倍

Q17 循環型有機農法の特徴として、ふさわしくないものはどれ？
- ☐ Ⓐ 生態系の力を借りる土づくり
- ☐ Ⓑ 旬の季節に合わせた農作業
- ☐ Ⓒ 自然を操る工夫の積み重ね
- ☐ Ⓓ 農薬や化学肥料を使わない

【解答・解説】

Q1 ▶ 正解：C
キクラゲはキノコの仲間、オカヒジキは食用になる一年草、そしてコンニャクはコンニャクイモの加工食品。寒天は、テングサなどの海藻類を加工した海産物。

Q2 ▶ 正解：A
鍬は人力で土を耕す農具。鋸は木を切るため、鎌は草を刈るため、鉈は木を割るために使う。

Q3 ▶ 正解：C
葉を育てる窒素、果実の生育を促すリン酸、根の張りを助けるカリウムが肥料の三大要素。水は植物の生育に欠かせないが、肥料ではない。

Q4 ▶ 正解：A
もやしは大豆からも作られるが、豆苗はエンドウの若菜。枝豆は大豆を青いうちに収穫したもの、高野豆腐は大豆を原料にした豆腐を凍結乾燥させた保存食品。

Q5 ▶ 正解：B
一般的には、水はけをよくして根腐れなどを防ぐために土を盛る。ジャガイモや長ねぎなどでは、作物を土で覆う役目も果たす。

Q6 ▶ 正解：D
黒マルチは、保温や保湿効果に加えて、雑草の発生を抑止する。

Q7 ▶ 正解：A
京菜とカラシナはアブラナ科の青菜で、スズナはカブの別名。スギナは春にツクシを出す雑草。ツクシは佃煮にする場合もあるが、日本にはスギナを好んで食べる食習慣はない。

Q8 ▶ 正解：A
ピーナッツ(落花生)は豆科の一年草。実は土に潜って地中で結実する。一株ずつ根こそぎ引っこ抜いて収穫する。畑の一角に栽培しておくと、イベントとしても楽しめる。

Q9 ▶ 正解：D
「五穀豊穣」という言葉が示すとおり、穀物全般を指す総称としても使われている。時代によって違いがあるが、一般的には米・麦・粟・きび・豆。

Q10 ▶ 正解：D
ミョウガは食欲が衰える夏に薬味などとして重宝される。レンコンとセリは冬、ウドは春先が旬。

Q11 ▶ 正解：C
循環型社会であった日本の農山村では、結や講など村人が共生する仕組みが整っていた。村八分もコミュニティを存続させるための知恵で、延焼の危険が伴う火事と疫病が広まる恐れがある葬式は、何があっても集落の協働作業として位置づけられていたようだ。

Q12 ▶正解：C

10m四方（100m²）が1a≒1畝。その10倍が1反、そのまた10倍が1ha≒1町（100m×100m）。ややこしいが、農業ではいまも普通に使われている。

Q13 正解▶C

共栄作物とも言われる。野菜の有機栽培では、害虫を寄せ付けない効果に大きな期待が寄せられている。病気の予防効果に有効な組み合わせもあるので、トライしてみよう。

Q14 正解▶C

土づくりが基本の有機農業にとって、理想の土は団粒構造。よく管理された土では、棒を刺すと1mもぐると言われる。土づくりの方法はさまざまだが、日々の積み重ねが大切。

Q15 正解▶C

発芽率の悪さをカバーしたり、育ちのもっともよい苗を選んで残す目的もあるが、ある程度は密植させたほうが競い合ってよく育つ。もちろん、間引き菜も美味しくいただこう。

Q16 正解▶B

畑の出来具合にもよるが、平均的には種イモの重さの10倍が目安。それが多いか少ないかは努力対収穫の感じ方によるだろう。いずれにせよ、ジャガイモひとつも馬鹿にはできない。

Q17 正解▶C

循環型の有機農業は、農薬や化学肥料を使わずに、微生物などの力を借りて土をつくり、多品種の輪作や混作などによって、病気や害虫の大量発生を防ぐ。それは、いわば自然の営みに従った農法で、人為的に自然を操ることをよしとしない。

追記

都市生活者の農力向上委員会では、公式サイトの農力検定ページ（http://www.reculti.org/）に自己診断コーナーを設け、こうした設問を定期的に入れ替えて、皆さんの挑戦を受け付ける予定。成績優良者には検定証を発行するほか、農活イベントの優待情報なども提供できるように体制を整えるので、ぜひチャレンジを！

あとがき

　都市生活者の農力向上委員会は、日本を経済成長に頼らない最小不幸社会へソフトランディングさせることを目的として、2011年12月に設立されました。その母体となっている任意団体「持続可能な生活を考える会」は2009年から、「成長の限界」を念頭において、ピークオイルや有機農業の勉強会、現場視察、ＵＳＴＲＥＡＭ配信による広報支援などの実績を積み重ねています。今後の活動の目標は以下の３点です。
　①農力検定の展開による、都市生活者の農力向上。
　②循環型有機農法による、関東地方の耕作放棄地の再生。
　③「安近通」(安く、近くに、通う)な都市農村交流による、新しい地縁の育成。
　まず、地域に根ざそうとチャレンジする新規就農者と農力の必要性に目覚めた都市生活者のマッチングをベースに、循環型有機農法を軸とした首都圏近郊での耕作放棄地の再生活動をネットワークしていきます。そして、それを通じて、不況がより深刻化してリストラにあっても、財源が底をつきかけている失業保険や生活保護だけに頼らず、心豊かに暮らしていける自立共生型持続可能社会へのソフトランディングを模索していくつもりです。さらに農力検定に関しては、風土に根づいた伝統文化を掘り起こしつつ、地域ごと、篤農家ごとの暗黙知を「見える化」するような、奥の深い枠組みとして提供できればと考えています。
　みなさんの積極的な参画を心からお待ちしています。

一般社団法人 都市生活者の
農力向上委員会 代表理事　西村　ユタカ

〈公式サイト〉
http://reculti.org/

著者紹介

ベターホーム協会(第1章)
1963年創立。「日本の家庭料理の継承」と「心豊かな質の高い暮らし」をめざし、料理教室の開催や出版活動を行う。食料自給率アップをめざした「食べもの大切運動」も提唱し、その一貫として『今日から育てるキッチン菜園読本』を2009年、『キッチン菜園ノート』を2011年に、それぞれ発行した。

竹本亮太郎(たけもとりょうたろう)(第2章)
1982年生まれ。株式会社キュアリンクゼネラルマネージャー、いろは庭苑事務所代表。

新田穂高(にったほたか)(第3章)
1963年生まれ。フリーライター。主著=『今から始める自転車生活』(山と渓谷社、2004年)、『楽しいぞ!ひと昔前の暮らしかた』(岩波書店、2005年)、『家族で楽しむ自給自足』(文化出版局、2006年)、『自転車で行こう』(岩波書店、2011年)。

塩見直紀(しおみなおき)(第4章)
1965年生まれ。半農半X研究所代表。主著=『綾部発 半農半Xな人生の歩き方88──自分探しの時代を生きるためのメッセージ』(遊タイム出版、2007年)、『半農半Xの種を播く──やりたい仕事も、農ある暮らしも』(共編著、コモンズ、2007年)、『自給再考──グローバリゼーションの次は何か』(共著、農山漁村文化協会、2008年)、『半農半Xという生き方実践編』(半農半Xパブリッシング、2012年)。

金子美登(かねこよしのり)(第5章、エピローグ)
1948年生まれ。霜里農場主宰、全国有機農業推進協議会代表。主著=『イラストでわかる有機自給菜園』(家の光協会、2010年)、『有機農業の技術と考え方』(共編著、コモンズ、2010年)、『有機・無農薬でできる野菜づくり大事典』(成美堂出版、2012年)、『新版 絵とき金子さんちの有機家庭菜園』(家の光協会、2012年)。

大和田順子(おおわだじゅんこ)(第6章)
サステナブルコミュニティ・プロデューサー、一般社団法人ロハス・ビジネス・アライアンス共同代表。主著=『ロハスビジネス』(共著、朝日新書、2008年)、『アグリ・コミュニティビジネス──農山村力×交流力でつむぐ幸せな社会』(学芸出版社、2011年)、『クリエイティブ・コミュニティ・デザイン──関わり、つくり、巻き込もう』(共著、フィルムアート社、2012年)。

吉田太郎(よしだたろう)(第7章)
1961年生まれ。地方自治体職員。主著=『有機農業が国を変えた──小さなキューバの大きな実験』(コモンズ、2002年)、『「没落先進国」キューバを日本が手本にしたいわけ』(築地書館、2009年)、『知らなきゃヤバイ!"食料自給率40%"が意味する日本の危機』(日刊工業新聞社、2010年)、『「防災大国」キューバに世界が注目するわけ』(共著、築地書館、2011年)。

西村ユタカ(にしむら)(コラム)
1960年生まれ。持続可能な生活を考える会主宰、都市生活者の農力向上委員会代表理事。

一般社団法人都市生活者の農力向上委員会(監修)
〒145-0062 東京都大田区北千束3-11-11 持続可能な生活を考える会内
公式サイト http://www.reculti.org/

農力(のうりょく)検定テキスト

2012年7月5日・第1刷発行

監修者・都市生活者の農力向上委員会

© 都市生活者の農力向上委員会, 2012, Printed in Japan.

発行者・大江正章／発行所・コモンズ
東京都新宿区下落合1-5-10-1002
TEL03-5386-6972 FAX03-5386-6945
振替 00110-5-400120
info@commonsonline.co.jp
http://www.commonsonline.co.jp/

印刷／東京創文社　製本／東京美術紙工
乱丁・落丁はお取り替えいたします。
ISBN 978-4-86187-093-4 C 0061

◆コモンズの本◆

半農半Xの種を播く　やりたい仕事も、農ある暮らしも	塩見直紀ほか編著	1600円
土から平和へ　みんなで起こそう農レボリューション	塩見直紀ほか編著	1600円
有機農業の技術と考え方	中島紀一・金子美登・西村和雄編著	2500円
有機農業選書1 地産地消と学校給食　有機農業と食育のまちづくり	安井孝	1800円
有機農業選書2 有機農業政策と農の再生　新たな農本の地平へ	中島紀一	1800円
都会の百姓です。よろしく	白石好孝	1700円
耕して育つ　挑戦する障害者の農園	石田周一	1900円
教育農場の四季　人を育てる有機園芸	澤登早苗	1600円
わたしと地球がつながる食農共育	近藤惠津子	1400円
感じる食育　楽しい食育	サカイ優佳子・田平恵美	1400円
いのちと農の論理　地域に広がる有機農業	中島紀一編著	1500円
有機農業の思想と技術	高松修	2300円
有機農業で世界が養える	足立恭一郎	1200円
有機農業が国を変えた　小さなキューバの大きな実験	吉田太郎	2200円
食べものと農業はおカネだけでは測れない	中島紀一	1700円
天地有情の農学	宇根豊	2000円
食農同源　腐蝕する食と農への処方箋	足立恭一郎	2200円
みみず物語　循環農場への道のり	小泉英政	1800円
いのちの秩序 農の力　たべもの協同社会への道	本野一郎	1900円
幸せな牛からおいしい牛乳	中洞正	1700円
本来農業宣言	宇根豊・木内孝・田中進・大原興太郎ほか	1700円
生物多様性を育む食と農　住民主体の種子管理を支える知恵と仕組み	西川芳昭編著	2500円
農家女性の社会学　農の元気は女から	靏理恵子	2800円
農業聖典	アルバート・ハワード著／保田茂監訳／魚住道郎解説	3800円

〈有機農業研究年報 Vol.1〉
| 有機農業——21世紀の課題と可能性 | 日本有機農業学会編 | 2500円 |

〈有機農業研究年報 Vol.2〉
| 有機農業——政策形成と教育の課題 | 日本有機農業学会編 | 2500円 |

〈有機農業研究年報 Vol.3〉
| 有機農業——岐路に立つ食の安全政策 | 日本有機農業学会編 | 2500円 |

〈有機農業研究年報 Vol.4〉
| 有機農業——農業近代化と遺伝子組み換え技術を問う | 日本有機農業学会編 | 2500円 |

〈有機農業研究年報 Vol.5〉
| 有機農業法のビジョンと可能性 | 日本有機農業学会編 | 2800円 |

〈有機農業研究年報 Vol.6〉
| いのち育む有機農業 | 日本有機農業学会編 | 2500円 |

〈有機農業研究年報 Vol.7〉
| 有機農業の技術開発の課題 | 日本有機農業学会編 | 2500円 |

〈有機農業研究年報 Vol.8〉
| 有機農業と国際協力 | 日本有機農業学会編 | 2500円 |

（価格は税別）